NOUVEAU MANUEL

DU

MENUISIER

EN

BATIMENS.

BIBLIOTHEQUE NATIONALE DE FRANCE

3 753102322869 6

PRÉFACE.

Le MENUISIER, suivant les étymologistes, s'appelait autrefois *hucher* du mot *huche*, nom d'un coffre dans lequel on pétrissait le pain.

On l'appelait encore *huisserie*, à cause de l'ancien mot *huis*, qui signifiait la porte d'une chambre.

Les menuisiers ont conservé ces différens noms jusqu'à la fin du quatorzième siècle; un arrêt du 4 septembre 1382, en augmentant les statuts de cette communauté, ordonna qu'à l'avenir on les appellerait *menuisiers*, de *minutarius*, mot de la basse latinité, qui signifie *ouvrier en petits ouvrages*.

La menuiserie est certainement fort ancienne, car, dès que les hommes ont commencé à former des sociétés sédentaires et permanentes, ils se sont trouvés dans l'obligation de fermer leur demeure par des portes, de fabriquer des coffres dans lesquels ils serraient des objets précieux, etc.

Néanmoins, il paraît que la menuiserie naquit en Europe, et ne prit quelques développemens que sous le règne de FRANÇOIS Ier. Elle fit des progrès rapides sous les rois Henri II, Henri IV, Louis XIII, Louis XIV, etc. Il y a au moins un siècle qu'elle est parvenue au plus haut degré de perfection, tant sous le rapport de l'exécution que sous celui de la pratique.

Généralement parlant, la menuiserie de nos jours est moins riche, moins fastueuse que celle des siècles précédens, mais elle est plus simple, plus élégante, beaucoup moins dispendieuse! Quelle différence entre un vieux escalier, formé de grosses poutres de lourds balustres, avec ces marches composées de carreaux de brique retenus par un bout de chevron, et ces élégantes échelles contournées en vis, en ovales, que nous appelons escaliers à l'*anglaise*, dont la masse est si légère qu'ils tremblent sous le poids des gens qui les montent.

Les métaux concourent maintenant aussi, soit comme parties essentielles, dans les ouvrages de menuiserie; nous voyons de nombreux cadres destinés à recevoir des carreaux de vitres, qui sont composés en tout ou en partie de baguettes de cuivre; des rosaces, des panneaux à jour en fonte de fer, etc., entrent dans la composition d'un grand nombre de portes cochères.

Il est vrai que ces divers ouvrages métalliques ne sont point confectionnés par les menuisiers; mais ils peuvent en donner les dessins, fixer leur dimension, et même en fournir des modèles en bois.

L'ouvrage le plus complet, le plus détaillé qui ait été publié sur l'art de la menuiserie, est celui que Roubo fils, menuisier, composa vers la fin du dix-huitième siècle, pour l'Académie des sciences ; il divisa cet art en cinq chapitres ou sections principales, qui sont :

1°. Le menuisier en bâtimens ;

2°. Le menuisier en meubles ;

3°. Le menuisier-ébéniste ;

4°. Le menuisier en voitures ;

5°. Le menuisier treillageur.

Dans le manuel que nous offrons au public, il n'est question que de la menuiserie en bâtimens, c'est la plus utile de toutes ; d'ailleurs, l'ouvrier qui exécute avec succès la devanture d'une riche boutique, les lambris qui ornent un magnifique salon, sera bien en état d'exécuter une armoire, un dressoir, un buffet, etc. Au surplus, nous sommes dans l'intention de publier le manuel du menuisier, en meubles et de l'ébéniste ; quant à l'art du menuisier en voitures, ou du treillageur, nous ne le croyons pas d'une assez grande importance pour lui consacrer un traité spécial.

Comme la géométrie est la base de presque tous les arts mécaniques, nous avons mis en tête de ce manuel, non pas un traité sur cette science, mais une notice qui en contient les principes et les applications les plus utiles aux personnes qui exercent la professsion de menuisier.

Nous avons dit un mot sur la nature des bois propres à la menuiserie, leur force, leur poids.

Nous avons décrit les outils tels que règles, compas, équerres, etc., et nous donnons la manière de les rectifier, de les diviser, etc.; après quoi nous traitons de la menuiserie en général.

Explication de quelques signes.

Tous les mathématiciens, pour abréger, font usage des signes ci-dessous :

$+$ qui signifie *plus, ajouté avec.*
$-$ *moins, retranché de.*
$\times$ *multiplié par.*
divisé par.
$=$ *égal ou qui est égal à.*

Exemple général :

$$3 + 8 - 5 \times \frac{4}{2} = 12.$$

3 plus 8 moins 5 multiplié par 4 divisé par 2 égale 12.

NOUVEAU MANUEL

DU

MENUISIER

EN

BATIMENT.

NOTIONS PRÉLIMINAIRES.

CHAPITRE Iᵉʳ.

1. La géométrie élémentaire, dont le dessin linéaire n'est qu'une application, se divise en trois parties, qui sont :

1°. La section qui traite des lignes ;

2°. La section qui a pour objet les figures et les surfaces ;

3°. La section où l'on expose la manière de former, de mesurer, etc. , les *solides* ou *volumes.*

2. On peut encore définir la géométrie, la science de l'*étendue.*

3. Par *étendue* on doit se figurer tout ce qui a les trois dimensions , qui sont la *longueur*, la *largeur* , et la *profondeur* ou *épaisseur.* Une boîte , un bloc de bois , de pierre , sont étendus, car ils sont longs , larges et épais.

4. Les dimensions sont mesurées par des lignes droites.

5. Tout objet qui n'a qu'une dimension peut être représenté par une ligne

A———B

AB d'une certaine longueur, mais qu'on doit se représenter comme n'ayant ni largeur, ni épaisseur ; d'où il suit qu'il n'y a pas d'objet matériel qui n'ait qu'une dimension ; car la ligne la plus fine , ou le fil le plus délié , a toujours une certaine largeur et une épaisseur quelconque.

6. Il y a deux sortes de lignes; la ligne *droite* , et la ligne *courbe* ou *sinueuse.*

La figure AB ci-dessus représente une ligne

droite ; la lettre C figure grossièrement une ligne courbe.

7. La ligne droite est la plus courte de toutes celles qu'on peut tirer entre deux points :

En effet, soient A, B (fig. 1.), deux points donnés, il est évident que la ligne AB qui les joint est plus courte que la ligne courbe ACB, et que celle-ci est aussi plus courte que la courbe ADB.

8. Un objet qui a longueur, largeur et point d'épaisseur prend le nom de *surface*.

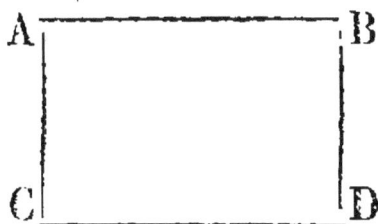

La figure ABCD représente une surface.

9. L'ensemble que forment les lignes AB, AC, BD, CD s'appelle *figure*.

10. Une surface est dite *plane*, *convexe* ou *concave*.

La surface est plane lorsqu'il est possible de tirer dessus, et en tout sens, des lignes droites dont tous les points se confondent avec elle. Une glace que l'on concevrait comme n'ayant pas d'épaisseur représenterait assez bien une surface plane.

11. La surface plane, considérée d'une ma-

nière abstraite et sans avoir égard à sa figure, à sa longueur et à sa largeur, prend le nom de *plan*.

12. Une surface est *convexe* lorsqu'elle est plus ou moins bombée ; telle est celle de l'extérieur de la coquille d'un œuf, d'un verre de montre.

La surface *concave* est creuse, l'intérieur de la coquille d'un œuf en offre un exemple.

13. Tout objet qui a longueur, largeur et profondeur ou épaisseur s'appelle *solide* ou *volume*. Tous les corps sont des volumes.

Ne confondez pas les expressions *figure* et *forme :* la première ne convient que pour désigner les contours des surfaces qui ne se composent absolument que de lignes droites ou courbes.

Le mot *forme* nous sert à faire concevoir la sensation que nous éprouvons en considérant un objet qui a les trois dimensions.

Nous disons donc que la figure d'une table est ronde, ovale, carrée, etc., et que la forme d'une bille de billard est celle d'une boule régulière.

CHAPITRE II.

Des lignes et des rapports qu'elles ont entre elles.

14. Comme on l'a déjà dit (5), il y a deux sortes de lignes, la droite et la courbe. Quelques géomètres admettent encore des lignes *mixtes* et des lignes *brisées*.

La ligne est dite mixte quand elle est en partie droite et en partie courbe; telle est ABC figurée ci-dessous :

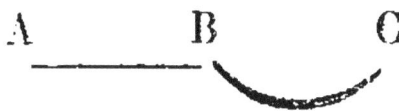

A   B   C

Une ligne *brisée* se compose de plusieurs droites qui ont des directions différentes.

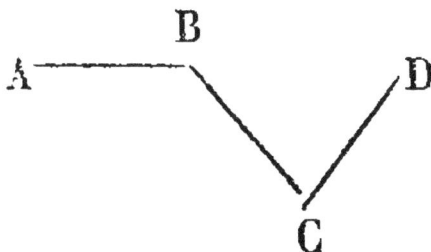

B
A   D

C

La figure ABCB, composée des droites AB, BC, CD, représente une ligne brisée.

15. La manière de tracer une ligne droite est fort simple; on y parvient aisément au moyen d'une règle ou d'un cordeau bien tendu qu'on a saupoudré ou humecté de matières colorantes.

Des angles.

16. Deux lignes qui se rencontrent forment ce qu'on appelle un angle. Si les deux lignes sont droites, l'angle est dit *rectiligne*; il prend le nom de *curviligne*, lorsqu'une des lignes qui le forment o t toutes deux sont courbes :

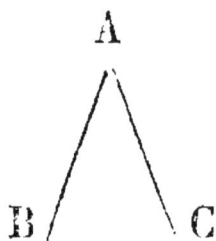

17. On appelle *côtés* de l'angle les lignes BA, CA, qui le forment.

Le point A où elles se rencontrent prend le nom de *sommet* de l'angle.

La grandeur d'un angle ne dépend pas de la longueur de ses côtés, mais de la quantité dont ils s'écartent l'un de l'autre sans changer de longueur : figurez-vous que les branches d'un compas ordinaire représentent les côtés d'un angle dont le sommet est dans le clou de la charnière de l'instrument; plus vous ouvrirez ce dernier, plus l'angle que figureront ses branches sera grand ; cela est évident.

Pour énoncer un angle, on prononce toujours la seconde la lettre qui se trouve à son sommet : ainsi, pour désigner l'angle représenté ci-dessus (pag. 6), dites : *l'angle* BAC ou CAB. Lorsque l'angle est complètement isolé ou qu'il n'est pas à craindre qu'on puisse le confondre avec d'autres, on l'énonce en prononçant seulement la lettre qui occupe son sommet; on dit donc, *l'angle* A, *l'angle* D, etc.

18. Il y a trois principales sortes d'angles qui sont :

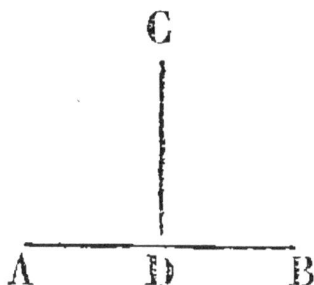

L'angle *droit*, formé par une ligne CD, qui en rencontre une autre AB, de façon qu'elle ne penche pas plus vers le point A que vers le point B. Ainsi donc, les angles ADC, BDC sont *droits*.

19. Toute ligne qui, comme CD, forme deux angles droits avec une autre ligne AB qu'elle rencontre, est dite *perpendiculaire* sur celle-ci.

Si par la pensée on se représente la ligne **CD** comme prolongée indéfiniment au dessous de AB, on concevra aisément que la direction de cette dernière sera aussi perpendiculaire à celle de la ligne CD :

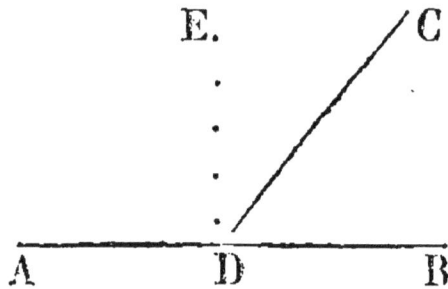

20. Toute ligne qui, comme CD, en rencontre une autre AB, de façon qu'elle forme avec elle deux angles CDB, CDA, inégaux entre eux, et dont un CDB est plus petit que l'angle droit EDB, et l'autre CDA plus grand que le droit EDA, cette ligne CD, disons-nous, est dite *oblique* (inclinée) par rapport à la ligne AB.

L'angle CDB, plus petit qu'un droit, est dit *aigu* (pointu).

L'angle CDA, plus grand que le droit EDA, est dit *obtus* (émoussé).

21. Deux ou plusieurs lignes qui, tirées sur le même plan, peuvent être prolongées à l'infini sans jamais se rencontrer, sont dites *parallèles*; elles jouissent de cette propriété quand

il règne le même écartement entre tous leurs points qui sont directement opposés.

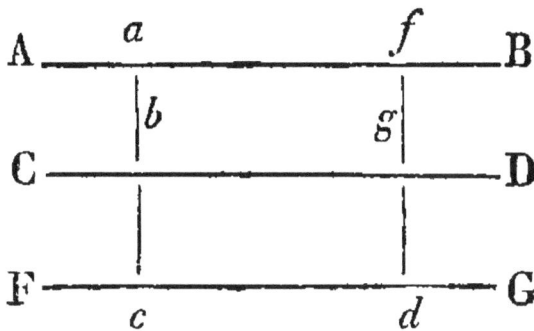

Les lignes AB, CD, FG sont des parallèles entre elles ; car les distances entre les points *a*, *b*, *c* et *f*, *g*, *d* sont mesurées par des lignes égales *ab*, *fg*, *ac*, *fd*.

22. Deux ou plusieurs lignes courbes tirées sur le même plan peuvent aussi être parallèles entre elles ; il suffit pour cela qu'elles ne puissent jamais se rencontrer,

Les lignes AB, CD sont dans ce cas.

Du cercle.

23. On appelle *cercle* une ligne courbe fermée, tracée sur un plan, et dont tous les points sont également éloignés d'un autre qui occupe le milieu de la figure, et qu'on appelle le *centre*.

La figure 2 représente un cercle dont le centre est au point O également éloigné de tous les points de la ligne courbe ADGFBC, laquelle courbe s'appelle *circonférence*.

24. On appelle *rayon* du cercle toute ligne qui, comme OC, est tirée du centre O à un point quelconque de la circonférence.

Tous les rayons d'un même cercle sont égaux entre eux, cela est évident.

25. Toute ligne qui, comme AB, passe par le centre du cercle et le divise en deux parties égales, s'appelle *diamètre*. Tous les diamètres sont égaux entre eux, et leur longueur est le double de celle d'un rayon.

26. Toute ligne qui, comme DF, ne passe pas par le centre et divise le cercle en deux parties inégales, s'appelle *corde*.

27. La portion DGF de la circonférence, qui est comprise entre les extrémités D, F d'une corde, s'appelle *arc*.

Et l'on dit que l'arc est *sous-tendu* par la corde.

On démontre facilement que des arcs égaux

sont toujours sous-tendus par des cordes égales.

28. L'espace compris entre la corde DF et l'arc DGF s'appelle *segment*.

29. Une ligne EG, qui mesure la plus grande largeur d'un segment, s'appelle *flèche*.

30. L'espace compris entre deux rayons BO, CO, et un arc BC, s'appelle *secteur* du cercle.

Toute ligne qui, comme PQ, rencontre la circonférence en un point T, s'appelle la *tangente*.

Rapport du diamètre à la circonférence.

31. Les mathématiciens ont trouvé, par des calculs, que la circonférence de tout cercle, que l'on suppose convertie en ligne droite, comme serait un fil bien tendu, a trois fois la longueur du diamètre, plus un septième de ce même diamètre, ce qui fait en tout les 22 septièmes du diamètre. Voilà pourquoi on dit communément que la circonférence est au diamètre comme 22 est à 7, et que le diamètre est à la circonférence comme 7 est à 22. Supposons que le diamètre d'un cercle ait 42 pouces, on aura la longueur de sa circonférence, supposée rectifiée, en multipliant 42 par 3, et en ajoutant, au produit 126 que l'on trouverait, le septième de 42, lequel est égal à 6 ; la circonférence aurait donc 132 pouces, c'est à dire que pour entourer un

tel cercle, il faudrait un cordon de 132 pouces.

32. Supposons encore que la circonférence soit connue, et qu'il est demandé de calculer la longueur de son diamètre.

La solution du problème est facile ; en effet, puisque la circonférence rectifiée est égale à 3 fois le diamètre, plus le septième de ce diamètre, on n'a qu'à diviser la longueur de la circonférence par 3 et 1 septième, ou par 22 septièmes, et le quotient exprimera la longueur du diamètre.

Soit le contour de la circonférence exprimé par 66. Je divise ce nombre par 22 septièmes, en opérant comme il suit :

$$\frac{66 \left|\begin{array}{c} 22 \\ \hline 7 \end{array}\right.}{}$$

$$472 \left|\begin{array}{c} 22 \\ \hline 2\,1 \end{array}\right.$$
$$022$$

Afin de simplifier l'opération, j'efface le dénominateur 7 du diviseur $\frac{22}{7}$, ce qui rend ce dernier 7 fois plus grand (voy. le *Manuel d'arithmétique*), et je multiplie le dividende 66 par 7, de sorte que j'ai 462 à diviser par 22. La division effectuée suivant la méthode ordinaire donne pour quotient 21, lequel exprime la longueur du diamètre dont la circonférence est 66.

33. RÈGLE GÉNÉRALE. Si connaissant la circonférence on vous demande quelle doit être la longueur du diamètre, établissez cette proportion :

22 : 7 : : la circonférence connue : réponse.

Soit 48 la longueur de cette circonférence ; on aura :

22 : 7 : : 48 : x (x tient la place du terme inconnu).

Multipliant les moyens termes 7 et 48 l'un par l'autre, et divisant le produit 336 par 22 :

$$
\begin{array}{r|l}
336 & 22 \\
\hline
116 & 15,272 \\
\cline{1-1}
60 & \\
\hline
160 & \\
\hline
60 &
\end{array}
$$

On a pour la longueur du diamètre, approchée à moins d'un millième près, au moyen de décimales, 15,272.

34. Si connaissant le diamètre dont la longueur est 8, par exemple, on demande la longueur de la circonférence rectifiée, on renversera le rapport, et l'on établira la proportion

7 : 22 : : 8 : x,

qui, traitée suivant la méthode ordinaire, donnera pour résultat définitif 25,143 ; c'est l'ex-

2

pression , à fort peu de chose près, exacte de la circonférence dont le diamètre a 8 unités de longueur.

Manière de tracer un cercle.

35. Chacun sait combien il est facile de tracer une circonférence de cercle sur une surface plane. Pour le plus souvent, on fait , dans cette opération , usage d'un compas ordinaire , lorsque la figure ne doit pas avoir un diamètre un peu considérable. Quand le cercle doit avoir un rayon dont la longueur excède l'ouverture du compas, on le trace au moyen d'un cordeau fixé par un de ses bouts au point où doit être le centre de la figure ; mais, dans ce cas, il est préférable de faire usage d'une règle armée de deux pointes, attendu qu'un cordeau est susceptible de s'alonger suivant qu'il est plus ou moins fortement tendu.

36. Si le cercle doit être tracé sur une surface convexe ou concave , on fera usage d'une règle taillée suivant la courbure de la surface ; on l'armera de deux pointes, dont une tournera sur le centre de la figure pendant que l'autre en tracera la circonférence.

Division de la circonférence du cercle.

37. Depuis un temps immémorial , les géomètres sont convenus de diviser la circonférence

de tout cercle en 360 parties égales qu'on appelle *degrés ;* le degré se subdivise en 60 *minutes ,* la minute en 60 *secondes ,* la seconde en 60 *tierces ,* etc.

Pour abréger , on désigne les degrés, les minutes , les secondes , les tierces... par les signes °, ', ", '''.... Ainsi, 23 *degrés,* 17 *minutes,* 49 *secondes,* 32 *tierces ,* s'écrivent :

$$23°, 17', 49'', 32'''.$$

En plaçant les signes °, ', ",... vers le haut et à la suite des nombres 23 , 17....

38. Puisque la circonférence contient 360°, il s'ensuit que des arcs qui seraient la moitié , le quart, le huitième....., le douzième.... de la circonférence , contiendraient la moitié , le quart...., le douzième, etc., de 360°, c'est à dire 180°, 90°, 45°...., 30°...; aussi désigne-t-on la grandeur d'un arc par le nombre de degrés qu'il contient. Ainsi , l'on dit que tel ou tel arc est de 13°, 29°, 82°....

Mesure des angles.

39. Pour se rendre compte de l'ouverture d'un angle, on suppose que celui-ci a son sommet (18 au centre d'un cercle dont la circonférence est effectivement divisée en 360°. On prolonge de fait, ou par la pensée, les côtés de l'angle jusqu'à ce qu'ils coupent la circonférence , après quoi on compte le nombre de de-

grés que contient l'arc compris entre les côtés de l'angle.

Soit (fig. 3) un angle BOF dont il est question d'apprécier l'ouverture. Pour cela, je le place sur un cercle ACBFD divisé en degrés, de manière que son sommet soit au centre même du cercle; après quoi je compte le nombre de degrés que contient l'arc BF qui est compris entre ses côtés; si ce nombre de degrés est 45, j'en conclus que l'ouverture de l'angle BOF est de 45°.

40. Quatre angles droits (19) AOC, COB, BOD, AOD (fig. 3), qui ont leur sommet au centre O d'un cercle, comprennent, ce qui est évident, toute sa circonférence entre leurs côtés, d'où il suit que quatre angles droits valent ensemble 360°.

Or, comme ces angles sont égaux entre eux, il est évident que chacun est mesuré par un arc de 90°, ou par le quart de la circonférence.

Un angle FOD qui serait la moitié d'un droit aurait pour mesure la moitié de 90°, ou 45°.

PROBLÈMES.

41. *Diviser une ligne droite en deux parties égales.*

Soit AB (fig. 4) cette ligne, ouvrez un compas d'une quantité approximativement un peu plus grande que la moitié de AB et du point A comme centre, tracez vers C et vers D deux petits arcs.

Prenez ensuite le point B comme centre, et, sans changer l'ouverture du compas, tracez de la même manière deux nouveaux petits arcs, de façon qu'ils coupent (croisent) les précédens, et par les points d'intersection C, D, tirez une ligne CD, le point F où elle coupera AB sera le milieu de celle-ci.

Ce problème renferme la théorie (le principe) de l'équerre ordinaire.

42. *D'un point pris sur une ligne élever une perpendiculaire à cette ligne.*

Soit demandé d'élever sur AB (fig. 5) une perpendiculaire qui la rencontre au point F. Prenez, au moyen d'un compas, la longueur de AF, segment de AB, supposé moins long que BF, et portez cette longueur de F en G, de sorte que GF égale FA.

Cela fait, des points A et G, comme centres, et avec une ouverture plus grande que la moitié de AG, tracez successivement deux petits arcs qui se coupent en C, et par le point d'intersection C et le point F tirez CF, cette ligne sera perpendiculaire sur AB.

43. *D'un point C (fig. 6) pris hors d'une ligne, AB, abaisser une perpendiculaire sur celle-ci.*

Du point C, pris pour centre, et avec une ouverture de compas arbitraire, décrivez un arc OGF qui coupe AB en deux points F et D, après quoi divisez, suivant le procédé indiqué (41),

(18)

la ligne DF en deux parties égales, et par G, milieu de DF, et le point C, tirez CG; ce sera la perpendiculaire demandée.

44. *Mener une parallèle à une donnée ligne de position, et que cette parallèle passe par un point donné.*

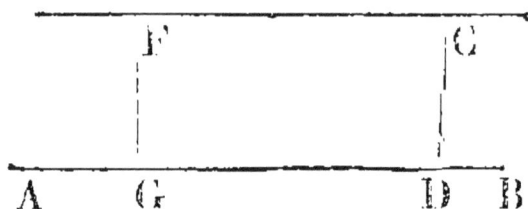

Soit (fig. ci-dessus) AB, la ligne donnée, et C le point par où il faut lui mener une parallèle.

Du point C (43), j'abaisse sur AB une perpendiculaire CD.

D'un autre point G, pris arbitrairement sur AB (42), j'élève une perpendiculaire GF.

Cela fait, je prends sur GF une quantité égale à la perpendiculaire CD, de sorte que FG égale CD.

Enfin, par les points F, C, je tire une ligne d'une longueur indéfinie, c'est la parallèle demandée.

45. Dans la pratique, on s'y prend d'une manière plus expéditive.

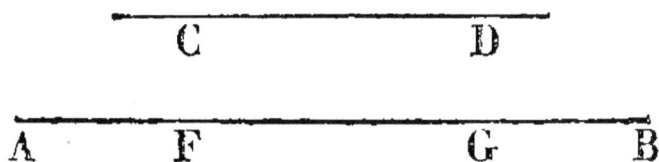

Soit la ligne AB, donnée de position, et qu'on demande de lui mener une parallèle CD, qui s'en écarte d'une quantité déterminée.

Ouvrez un compas d'une quantité égale à cet écartement, et des points F, G, pris à volonté sur AB, décrivez vers C et D deux petits arcs ; après quoi tirez une ligne qui effleure ces deux arcs, ce sera la position et la direction de la parallèle demandée.

Mécaniquement on tire des parallèles au moyen de plusieurs outils, comme on le verra par la suite ; c'est aussi dans la section où il sera traité de l'usage des outils, qu'on trouvera la manière de tracer des parallèles courbes, sinueuses, etc.

46. *Diviser un angle* CAD (fig. 7) *en deux parties égales.*

Du point A comme centre, et avec une ouverture de compas arbitraire, décrivez un arc qui coupe les côtés de l'angle aux points C et D.

Tirez la corde CBD et divisez-la en deux parties égales (41).

Cela fait, par les points A, sommet de l'angle, et B, milieu de la corde, tirez une ligne indéfinie AB, cette ligne coupera en G l'arc CGD en deux parties égales, de sorte que les angles CAG, DAG seront chacun la moitié du grand angle CAD.

CHAPITRE III.

Des figures terminées par des lignes droites.

47. Les figures (9) dont les contours sont composés de lignes droites sont :

Le triangle (19), qui a 3 angles et 3 côtés.		
Le quadrilatère.	4	4
Le pentagone.	5	5
L'hexagone.	6	6
L'heptagone.	7	7
L'octogone.	8	8
L'ennéagone.	9	9
Le décagone.	10	10
. . . .	00	00
Le dodécagone.	12	12
. . . .	00	00
. . . .	00	00
Le pentédécagone.	15	15
. . . .	00	00

Ces figures, en général, s'appellent *polygones* (qui ont plusieurs angles).

48. On distingue les polygones en *réguliers* et *irréguliers*.

Le polygone est dit *régulier*, quand tous ses angles sont égaux entre eux, ainsi que ses côtés ; tel est un carré parfait.

Le polygone qui a ses angles ou ses côtés inégaux est dit *irrégulier*.

Des triangles.

49. Parmi les triangles, on distingue : 1° le
triangle *équilatéral* (qui a ses côtés égaux)
(fig. 8) ;

2°. Le triangle *isocèle* (fig. 9), qui a deux de
ses côtés AC, BC égaux entre eux ;

3°. Le triangle *rectangle* (fig. 10), dont ABC,
un de ses trois angles, est droit.

50. Les géomètres ont démontré que la
somme des trois angles d'un triangle quelconque
est égale à celle de deux droits, c'est à dire
que, si l'on range les uns à côté des autres les
trois angles d'un triangle donné autour du
centre d'un cercle, ils couvriront la moitié de sa
surface, ou, pour mieux dire, la somme des arcs
compris entre leurs côtés sera égale à la moitié
de la circonférence.

51. Dans tout triangle, on distingue la *base*
et la *hauteur*.

La *base* d'un triangle est le côté sur lequel il
est censé se tenir debout ; AB (fig. 9) est la base
du triangle ABC. Il est indifférent de prendre
pour base le côté que l'on veut.

La *hauteur* d'un triangle est mesurée par la
perpendiculaire abaissée sur la base, du sommet
de l'angle qui est opposé à celle-ci ; CD (fig. 9)
est la hauteur du triangle ABC.

Il peut arriver que la perpendiculaire qui mesure la hauteur d'un triangle, telle que CD (fig. 11), ne tombe pas sur la base AB ; alors il faut prolonger celle-ci indéfiniment.

Des quadrilatères.

52. Parmi les quadrilatères, on distingue :

1°. Le *trapèze* (fig. 12), dont les angles sont inégaux et qui a deux de ses côtés AB, CD parallèles entre eux. Un trapèze est un triangle tronqué ; car, si l'on prolongeait indéfiniment les côtés AC, BD, il est évident qu'ils se rencontreraient et formeraient un angle quelque part.

2°. Le *parallélogramme* (fig. 13), qui a ses côtés AB, CD, ainsi que AC, BD, parallèles.

53. Parmi les parallélogrammes, on distingue le *rectangle*.

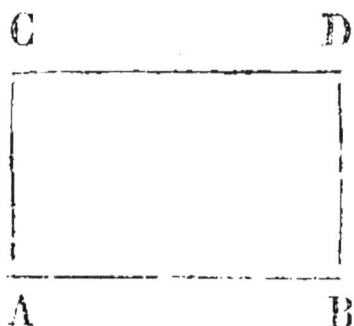

qui a ses quatre côtés (fig. ci-dessus) parallèles deux à deux, et dont les quatre angles A, B, C, D sont droits.

54. Le rectangle, dont les quatre côtés sont égaux entre eux, s'appelle *carré*.

55. Le parallélogramme (fig. 14), qui a ses quatre côtés égaux entre eux, mais dont deux de ses quatre angles C, D, sont obtus, et les deux autres aigus, s'appelle *rhombe* ou *losange*.

56. Tout parallélogramme qui, comme ABCD (fig. 13), n'est pas rectangle, est dit *oblique*.

57. La *base* d'un parallélogramme est le côté AB (fig. 13), sur lequel il est censé poser; sa *hauteur* est la perpendiculaire FG, qui mesure la distance, qui sépare la base AB du côté CD qui lui est parallèle.

On peut prendre pour base d'un parallélogramme celui des quatre côtés que l'on veut.

58. Tout parallélogramme AFCD (fig. 11) est équivalent à la somme de deux triangles AFC, ACD, qui ont même base et même hauteur que lui.

Ou bien l'on dit encore que tout triangle ACD est la moitié d'un parallélogramme qui a même base AD et même hauteur CD que lui.

59. Tout polygone peut être partagé exactement *en un certain nombre de triangles*.

Soit (fig. 15) le pentagone irrégulier ABCF; si du sommet de l'angle F, par exemple, on tire, aux angles opposés C, B, les lignes FC, FB, le polygone se trouvera divisé en trois triangles FDC, FCB, FBA, qui le couvriront exactement, cela est évident.

60. Des lignes, telles que FB, FC, qu'on tire dans l'intérieur d'un polygone, s'appellent *diagonales*.

CHAPITRE IV.

Des volumes ou solides.

61. Ainsi qu'il a été dit (13), tous les objets qui ont les trois dimensions sont des *volumes*; on les appelle aussi, quelquefois, *solides*; cette expression manque de justesse.

Les géomètres ne considèrent les volumes que par rapport à leur forme et à leur grandeur.

62. Considérés sous le rapport de la forme, les volumes se distribuent en deux classes.

1°. Ceux qui sont terminés par des surfaces planes, comme une boîte carrée, un coin à fendre le bois.

Les volumes de cette espèce s'appellent du nom général de *polyèdres* (qui ont plusieurs faces).

2°. On appelle *volumes* ou *corps ronds* les volumes qui sont terminés par des surfaces convexes, en tout ou en partie; une boule, un tronc d'arbre sont des volumes de cette espèce.

Des polyèdres.

63. On distingue les polyèdres en *réguliers* et *irréguliers*.

Le polyèdre est dit *régulier* lorsque toutes ses faces sont des triangles, des quadrilatères, etc.; réguliers, tel est un *dé à jouer*. Dans le cas contraire, le polyèdre est *irrégulier*.

64. Parmi les polyèdres réguliers ou irréguliers, on en distingue de trois sortes, qui sont le *prisme*, la *pyramide* et les volumes dont les surfaces peuvent être formées de toute sorte de polygones; on donne à ces volumes, spécialement, le nom général de *polyèdres*.

Du prisme.

65. Le *prisme* est un volume (fig. 16) dont la surface présente deux polygones réguliers ou non, AFBDC, *afbdc*, qui sont égaux et parallèles entre eux : on les appelle les *bases* du prisme.

Les autres faces AF, *af*, FB, *fb*, BD, *db*, etc., du prisme, et qui forment ce qu'on appelle sa *surface convexe*, sont tous des parallélogrammes. Lorsque ceux-ci sont des rectangles, le prisme est dit *droit*, telle est une règle dont tous les angles sont à vive arète, et les bouts coupés d'équerre; le prisme est *oblique* (penché) lorsque sa surface convexe offre des parallélogrammes obliques.

66. Parmi les prismes, on distingue les *parallélipipèdes*, ce sont ceux dont toutes les faces sont des parallélogrammes qui ne peuvent être qu'au nombre de six; si tous ces parallélogrammes sont rectangles, le volume prend le nom de *parallélipipède rectangle*; dans le cas contraire, il est dit *oblique*.

3

La *base* d'un parallélipipède est la face sur laquelle il est censé poser.

Sa *hauteur* est mesurée par la perpendiculaire, abaissée d'un point de la face qui est parallèle à la base, sur le parallélogramme qui forme celle-ci.

Tous les parallélipipèdes rectangles ou non, qui ont même base et même hauteur, sont équivalens entre eux.

67. Tout parallélipipède dont les six faces sont des carrés s'appelle *cube*; un *dé à jouer* offre un volume de cette espèce.

De la pyramide.

68. Ce polyèdre (fig. 18) a pour base un polygone quelconque ABCDF, dont les côtés servent de base à autant de triangles AGB, BGC, CGD..., qui tous ont leur sommet au point G, qui est aussi le *sommet* de la pyramide.

La pyramide est *régulière* lorsque sa base est un polygone régulier, et que tous les triangles qui forment sa surface convexe ont même hauteur.

Si tous ces triangles sont isocèles (49), la pyramide est dite *droite*, quoique sa base soit un polygone *irrégulier*. Dans le cas contraire, elle est *oblique*.

La plus simple des pyramides est celle dont la base est un triangle, elle ne peut avoir que quatre faces.

La *hauteur* d'une pyramide est mesurée par

la perpendiculaire abaissée de son sommet sur le plan qui passe par sa base ABCDF.

69. Il est démontré mathématiquement que le volume de toute pyramide est équivalent au tiers de celui d'un prisme, qui avait même base et même hauteur qu'elle.

Des polyèdres en général.

70. Le nombre des volumes dont les surfaces offrent des polygones de toute grandeur et de toute espèce est infini ; on les appelle *irréguliers*.

Le nombre, au contraire, des polyèdres *réguliers*, ceux dont la surface se compose de polygones tous égaux entre eux, se borne à cinq, qui sont :

1°. Le *tétraèdre*, dont les quatre faces sont des triangles équilatéraux (49);

2°. L'*octaèdre*, dont les huit faces sont aussi des triangles équilatéraux;

3°. L'*icosaèdre*, dont les vingt faces sont encore des triangles équilatéraux;

4°. Le *cube*, dont les six faces sont des carrés;

5°. Le *dodécaèdre*, dont les douze faces sont des pentagones.

71. Remarquez bien que les angles du tétraèdre se composent de 3 triangl. équilatér.

Octaèdre.	4
Icosaèdre.	5
Cube.	3 carrés.
Dodécaèdre.	3 pentagones.

Ces vérités sont déduites du principe que la somme des angles plans (forme de panneaux) qui concourent à former un *angle solide* doit être moindre que celle de quatre angles droits; or, six angles d'un triangle équilatéral, ou trois d'un hexagone régulier, valent tout juste quatre angles droits.

CHAPITRE V.

Des corps ronds.

72. Comme les menuisiers façonnent rarement des volumes à surfaces convexes, il nous semble inutile de nous occuper ici des corps ronds; nous dirons seulement qu'on en distingue principalement de trois sortes, qui sont :

1°. Le *cylindre*, c'est un prisme dont la surface convexe se compose de rectangles infiniment étroits; un pilier rond a plus ou moins bien la forme d'un cylindre.

2°. Le *cône*, pyramide, dont la surface convexe se compose de triangles dont les bases sont infiniment courtes, telle est la forme, à peu près, d'un pain de sucre.

3°. La *sphère*, polyèdre dont la surface se compose de polygones infiniment petits, telle est une bille de billard.

CHAPITRE VI.

DE LA DIVISION MÉCANIQUE DES LIGNES ET DES SURFACES.

73. *Diviser une ligne droite.*

S'il est question de diviser la ligne en parties égales entre elles, le moyen qui s'offre le premier, c'est d'ouvrir un compas d'une quantité qui soit approximativement égal à une des divisions qu'on se propose de pratiquer sur la ligne, et de porter cette ouverture de compas successivement à la suite d'elle-même, de l'augmenter ou de la diminuer jusqu'à ce qu'elle soit contenue exactement sur la ligne, autant de fois qu'on veut opérer de divisions. Cette opération est souvent longue, et presque jamais tout à fait satisfaisante, voici un moyen de l'abréger.

Soit demandé de diviser une règle en 24 parties égales.

Je fixe d'abord la règle sur une table un peu large et bien dressée, après quoi je divise sa longueur en deux parties égales (41) et j'ai deux divisions.

Suivant le même procédé, je subdivise chacune de ces divisions encore en deux autres, et j'ai 4 divisions.

J'opère encore de la même manière sur chacune de celles-ci, et j'obtiens 8 divisions.

Je dois m'arrêter là; si je continuais de la même manière, j'aurais successivement 16, 32 divisions; mais comme 24 contient 8 trois fois, je subdivise chacune des 8 dernières divisions en 3, chacune de celles-ci doit être contenue 3 fois sur chacune des 8 divisions. Si j'ai bien opéré, la division de la règle est terminée.

74. *Autre méthode.*

La géométrie fournit un moyen fort simple pour diviser sans tâtonnement une ligne droite, en autant de parties égales ou inégales que l'on veut.

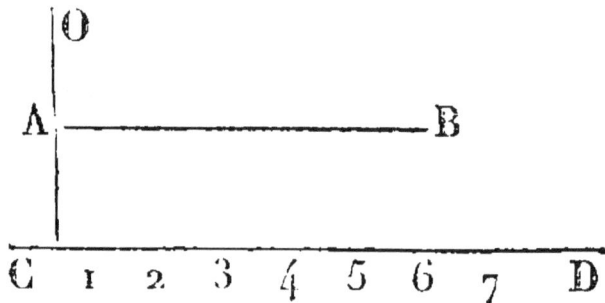

Soit demandé de diviser une ligne AB en 7 parties égales.

Je mène à celle-ci, n'importe à quelle distance, une parallèle indéfinie (44) CD; puis, de l'extrémité A de AB, j'abaisse sur CD (43) une perpendiculaire que je prolonge indéfiniment vers O.

Cela fait, à partir du point C, je prends 7 divisions sur CD, au moyen d'un compas que j'ouvre d'une quantité telle, ce qui est facile, que la longueur C7 soit un peu plus grande que celle de AB.

Je prends ensuite une règle que je fixe en un point quelconque O, au moyen d'un clou autour duquel elle tourne, j'amène le bord de cette règle sur la division 1, et je tire un petit trait qui coupe en un certain point la ligne AB; j'amène successivement le bord de la règle sur les divisions 2, 3.. 6.. 7, et je tire autant de traits qui coupent AB; après quoi, cette ligne se trouve divisée exactement en 7 parties égales.

Si la ligne CD était divisée en parties inégales, la ligne AB se trouverait divisée de la même manière, c'est à dire, par exemple, que si les divisions de CO étaient entre elles comme les nombres

$$1, \; 3, \; 5\tfrac{2}{3}, \; 6\tfrac{7}{12},$$

celles de la ligne AB auraient entre elles les mêmes proportions.

Il est inutile d'ajouter qu'au moyen de l'équerre, du compas, d'une pointe à tracer, il sera facile de diviser, suivant ce procédé, une règle en tant de parties égales qu'on voudra.

Division mécanique du cercle en parties égales.

75. La géométrie fournit plusieurs moyens

pour diviser sur-le-champ, et sans tâtonnement, la circonférence d'un cercle.

Division en 6 ; portez sur la circonférence l'ouverture du compas dont vous avez fait usage pour la tracer, vous trouverez qu'elle y sera continue exactement 6 fois.

Division en 4 ; ayant tiré un diamètre, coupez celui-ci par une perpendiculaire qui passe par le centre (42).

Pour diviser en 12 , 24,96.. parties égales, il faut joindre par des cordes les divisions en 6, diviser ces cordes chacune en 2 moitiés, et tirer par le centre et les nouvelles divisions des lignes indéfinies, en opérant comme il est enseigné n°s 41 et 47 ; on continuera à subdiviser de la même manière, etc.

Pour diviser en 8 , 16,128.. on partira de la division en 4, et l'on opérera comme lorsqu'on est parti de la division en 6 et C.

76. Si l'on avait besoin de diviser en 7 , 19, 38, on ne pourrait y arriver que par le tâtonnement, et jamais bien exactement, surtout si le cercle était petit.

Voici comment il faudra s'y prendre dans un cas semblable.

Soit (fig. 17) un cercle *abdc* qu'il s'agit de diviser. Tracez la figure sur une large table, un plancher...; puis, avec une ouverture de compas beaucoup plus grande que le rayon de *abcd*, divisez une circonférence ABCD.

Divisez celle-ci, et par le centre O, commun aux deux cercles ; et chaque division de ABCD, tirez des lignes qui coupent la circonférence *abcd*.

Cette méthode a cela d'avantageux, qu'une erreur commise en divisant la circonférence ABCD est d'autant plus atténuée sur la circonférence *abcd*, que le rayon de celle-ci est plus court que celui de la première.

Tracer un polygone régulier.

77. Soit demandé de tracer un pentagone (fig. 17), ayant décrit un cercle ABCD, je divise sa circonférence (74—75) en cinq parties égales, je tire les cordes AB, BC..., et leur ensemble forme le polygone demandé.

Diviser un polygone régulier en triangles égaux.

78. Soit le pentagone ABC (17), par le centre O du cercle qui l'entoure, et les sommets A, B, C... des angles du polygone, je tire les lignes OB, OC, OD..., et le problème est résolu.

CHAPITRE VII.

Du calcul des surfaces.

79. Pour se rendre compte de la grandeur d'une surface, il faut la rapporter à une autre que l'on prend pour terme de comparaison ; or-

dinairement c'est un carré dont les côtés ont une toise, un pied, un mètre de long ; ainsi lorsqu'on dit que la surface d'un mur, d'une table, est de 5 pieds carrés, on veut faire entendre que pour couvrir ce mur, cette table, il faudrait une pièce de toile, par exemple, dans laquelle on pourrait tailler l'équivalent de cinq carrés ayant un pied en tout sens.

Surface d'un parallélogramme.

80. Pour calculer la surface d'un parallélogramme quelconque, il faut évaluer en mètres, toises, pieds, pouces, etc., la longueur de sa base AB (fig. 13) et celle de sa hauteur FG, puis multiplier les deux résultats l'un par l'autre.

Admettons que la longueur de AB est de 7 mètres 14 centimètres, et que celle de FG est de 2 mètres 11 centimètres, je multiplie 7^m,14 par 2^m,11, il vient pour produit

$$15,6654 ;$$

ce qui signifie que la surface du parallélogramme ABCD équivaut à 15 mètres carrés, plus 6 centièmes de mètre carré, plus 5 millièmes de mètre carré, plus 4 dix-millièmes de mètre carré.

81. Pour se rendre un compte exact de ces diverses fractions de mètre carré, il faut se rappeler que le mètre contient cent centimètres,

a   c

A ———————————————————————— B

C ———————————————————————— D

b   d   e

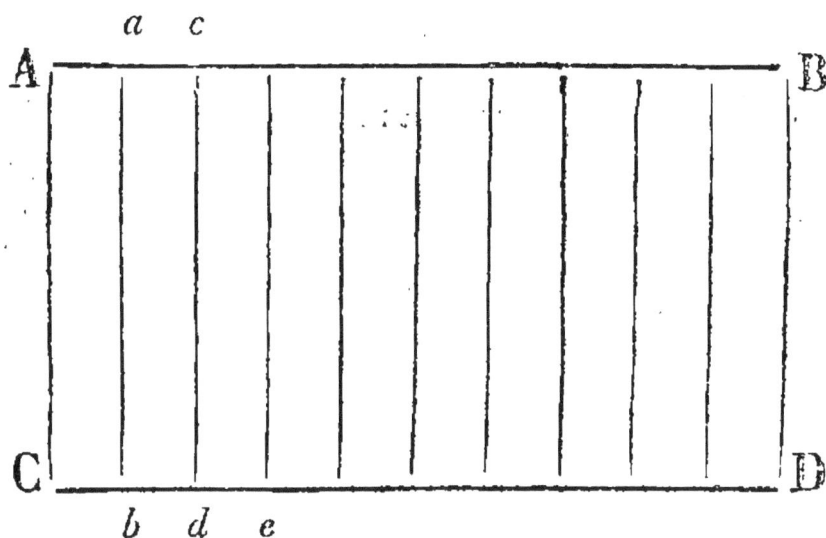

et que, par conséquent, un mètre carré ABCD
peut être divisé en 100 rectangles *ab cd....,*
ayant chacun un mètre de haut et une base *bd*
d'un centimètre de long (l'espace ne nous
permet pas de tracer une figure subdivisée en
100 rectangles ; mais on peut aisément rectifier
cette inexactitude par la pensée).

6 centièmes d'un mètre carré seraient donc
bien représentés par une planche d'un mètre de
long sur 6 centimètres de large.

Le mètre contenant mille millimètres, le
millième d'un mètre carré sera bien représenté
par un rectangle d'un mètre de haut, et dont
la base aurait un millimètre ; pareillement, un
dix-millième d'un mètre carré équivaut à un
rectangle d'un mètre de long sur un dixième de
millimètre de large, etc.

Surface d'un triangle.

82. Tout triangle étant la moitié d'un parallé-logramme ayant même base et même hauteur que lui, il s'ensuit que, pour calculer sa surface, il faut multiplier la longueur de sa base AB (fig. 11) par celle de sa hauteur CD (51), après avoir évalué l'une et l'autre en mètres, toises, etc., après quoi prendre la moitié du produit.

On peut encore multiplier la base par la moitié de la hauteur, le résultat sera le même.

Supposons que $3^m,7$ soient la longueur de la base AB, et que la hauteur CD ait $2^m,8$.

Suivant le premier mode d'opérer, on aurait :

$$3,7 \times 2,8 = \frac{10,36}{2} = 5^m,18.$$

En prenant la moitié de la hauteur,

$$3,7 \times 1,4 = 5^m,18.$$

Surface du trapèze.

83. Ajoutez les longueurs de ses deux côtés parallèles AB, CD (fig. 12); prenez la moitié de la somme, que vous multiplierez par la longueur de FG, hauteur de la figure; soient donc

$$AB = 7^m,3;$$
$$CD = 4^m,5;$$
$$FG = 2^m,2.$$

La somme des longueurs de AB et CD est
11^{m},8, dont la moitié 5^{m},9, multipliée par 2^{m},2,
donne pour la surface du trapèze ABCD 12^{m},58.

Surface des polygones.

84. Tout polygone (59) pouvant être divisé
exactement en un certain nombre de triangles, il
sera toujours facile d'évaluer sa surface, car
après l'avoir partagé en triangles, on calculera
successivement la surface de chacun de ceux-
ci (82), et la somme de tous les résultats exprimera la surface totale du polygone.

85. Si le polygone est subdivisé en triangles tous égaux entre eux, il suffira de multiplier la somme des bases de tous ces triangles
par la moitié de la hauteur qui leur est commune, le produit exprimera le résultat cherché.

Soit (fig. 18) le pentagone régulier ABC, divisé
en cinq triangles égaux, qui ont tous leur
sommet au centre O du polygone, j'ajoute les
bases AB, BC... de tous ces triangles, et les
multiplie par la moitié de O t, hauteur du
triangle FOD.

Surface du cercle.

86. Un cercle peut être considéré comme un
polygone régulier d'une infinité de côtés, c'est
à dire que, si on le partageait en triangles égaux
infiniment petits, la somme des bases de tous

4

ces triangles formerait la circonférence du cercle ; or, nous venons de voir (85) que, pour calculer la surface d'un polygone régulier, il fallait multiplier la somme de ses côtés par la moitié de la perpendiculaire abaissée de son centre sur l'un d'eux.

Le cercle donc pouvant être considéré comme un polygone régulier, on calculera sa surface, en multipliant sa circonférence par la moitié de son rayon.

Nous avons enseigné (31) la manière de trouver la circonférence d'un cercle dont on connaît le diamètre, ou de calculer celui-ci quand on connaît la circonférence.

Surface d'un secteur de cercle.

87. Soit le secteur BOC (fig. 2), il est évident que sa surface doit être à celle du cercle entier comme l'arc BC est à la circonférence totale ACBG ; on calculera donc la surface du cercle, et, comparant l'arc BC à la circonférence, on en déduira facilement la surface du secteur BOC.

Supposons que la surface du cercle soit exprimée par 86, et que l'arc BC soit le huitième de la circonférence, j'en conclus que 10,75 huitième de 86 exprime la surface du secteur.

Surface d'un segment.

88. Soit le segment compris entre l'arc BC

(fig. 2) et la corde ponctuée BC; ayant calculé (87) la surface du secteur BOC, j'en retranche celle du triangle BOC, il est évident que le reste doit exprimer celle du segment.

Calcul des surfaces terminées par des lignes mixtes ou des courbes irrégulières.

89. Soit une figure AFBDC (fig. 20), dont le contour se compose de trois lignes droites AC, CD, DB, et d'une courbe irrégulière AFB, afin de calculer sa surface, je tire entre les angles A, B, C des lignes AB, BC, et j'ai deux triangles ABC, BCD, dont la surface est équivalente à la partie ABDC de la figure; quant au reste compris entre l'arc AFB et la ligne AB, je le divise en un certain nombre de parties, en tirant *cd*, *fg*, etc., parallèlement à la ligne AB, et je considère les figures A *c d* B, C *f g* D, etc., comme des trapèzes.

Cela fait, je calcule les surfaces des triangles et des trapèzes (82, 83), et la somme des résultats doit exprimer, à très peu près, la surface de la figure totale AFBDC.

SURFACE DES POLYÈDRES.

Surface d'un prisme.

90. Tout prisme (65) étant terminé par des surfaces, qui sont deux polygones, et un certain

nombre de parallélogrammes, le calcul de sa surface totale ne présente aucune difficulté, la marche à suivre se présente naturellement : en effet, si, après avoir calculé les surfaces des polygones (84) et des parallélogrammes (80), on ajoute tous les résultats, on aura évidemment la surface du prisme.

Surface de la pyramide.

91. Calculez d'abord la surface du polygone (84) ABCDF (fig. 18) qui lui sert de base, calculez ensuite, successivement, les surfaces de tous les triangles (82) AGB, BGC.., qui forment la surface convexe de la pyramide; ajoutez tous les résultats, la somme que vous trouverez exprimera la surface totale de la pyramide.

Surface des polyèdres en général.

92. Comme les faces qui terminent ces volumes sont des polygones, le calcul de leurs surfaces ne présente aucune difficulté : il suffit de calculer successivement les surfaces de ces polygones (84), et d'ajouter les résultats.

SURFACE DES CORPS RONDS.

Surface du cylindre.

93. Ce volume peut être considéré comme terminé par un rectangle roulé autour de deux

cercles égaux entre eux, et dont les plans sont parallèles; tel est, par exemple, un rouleau façonné sur le tour, qui a même grosseur dans toute sa longueur, et dont les bouts sont coupés d'équerre.

On calculera donc les surfaces des deux cercles (86), après quoi on multipliera la circonférence de l'un d'eux par la longueur du cylindre, on ajoutera les résultats, et l'opération sera terminée.

Exemple.

Soit un cylindre dont le diamètre est exprimé par 8,4, et sa longueur par 15.

Je calcule, suivant la règle (86) les surfaces des cercles qui forment les bases du cylindre, et j'ai pour résultat 110,88, que je double ou que je multiplie par 2, attendu qu'il y a deux cercles; il vient 221,76.

Cela fait, je multiplie 15, la hauteur ou la longueur, si l'on veut, du cylindre par la circonférence de la base du volume, laquelle est exprimée par 26,4; 15 $\times$ 26,4 = 39,60.

J'ajoute ce produit à 221,76, et la somme 261,36 exprime la valeur de la surface totale du cylindre.

Surface du cône.

94. Le cône peut être considéré comme terminé par un cercle qui lui sert de base, autour

duquel on a roulé un secteur de cercle, qui, étant développé, présenterait la figure d'un triangle ayant pour base la circonférence rectifiée du cercle du cône, et pour hauteur une ligne droite tirée du sommet du cône, à un point quelconque de la circonférence de sa base; cette ligne s'appelle *côté* du cône.

Ayant donc calculé la surface de la base (86), on multipliera sa circonférence par la moitié du côté du cône (82); on ajoutera les divers résultats, et l'opération sera terminée.

Soit un cône dont le diamètre du cercle qui leur sert de base est exprimé par 8,4, et son côté par 8.

Ayant calculé la surface de la base (86) que je trouve être exprimée par 110,88, j'y ajoute le produit de 26,4, circonférence de la base, par 4 moitié du côté du cône; j'ai pour résultat 105,6, qui, ajouté avec 115,88, donne 215,94 pour expression de la surface totale du cône.

Surface de la sphère.

95. La surface de toute boule régulière est équivalente à la somme de celle de quatre cercles qui ont même diamètre que la boule (le diamètre d'une sphère est une ligne qui mesure son épaisseur).

Soit une boule ou sphère dont le diamètre est exprimé par 8,4; ayant calculé la surface d'un cercle (86) qui aurait ce même diamètre, et ayant trouvé qu'elle est 110,88, je multiplie ce dernier résultat par 4; le produit 443,52 exprime la surface de la boule.

NOTA. — Lorsque le corps rond dont on veut calculer la surface n'a pas de trop grandes dimensions, on peut se dispenser de calculer suivant la règle (31) les circonférences des cercles qu'on a besoin de connaître; il est plus expéditif, et d'une exactitude suffisante, de prendre ces circonférences au moyen d'un cordon qu'il ne faudra pas tirer trop fort, afin de ne pas l'alonger, car, se contractant sitôt qu'on aurait cessé de le tendre, il donnerait des longueurs fautives.

CHAPITRE VIII.

DU CUBAGE DES VOLUMES OU SOLIDES.

96. Nous avons dit (79) que, pour évaluer une surface quelconque, il fallait la rapporter à une autre que l'on avait choisie comme terme de comparaison, et nous avons ajouté que généralement c'était un carré auquel on comparait les autres surfaces.

Semblablement, pour se rendre compte du volume des corps ou des objets qui ont les trois dimensions, on les rapporte au volume d'un autre corps, qui, pour le plus souvent, a la forme d'un *cube*, et dont les trois dimensions

ont un *pied*, une *toise*, un *mètre*, etc. (67).
Ces sortes d'opérations s'appellent *cubage*.

CUBAGE D'UN PARALLÉLIPIPÈDE RECTANGLE.

97. Soit demandé d'évaluer en pouces cubes le volume d'une membrure qui aurait 3 pieds de long, 7 pouces de large sur trois d'épaisseur, ou, ce qui revient au même, combien pourrait-on tirer de la membrure susdite, de morceaux de bois ayant un pouce en longueur, largeur sur autant d'épaisseur?

Afin d'arriver méthodiquement à la solution de la question, supposons que la membrure n'a qu'un pouce d'épaisseur.

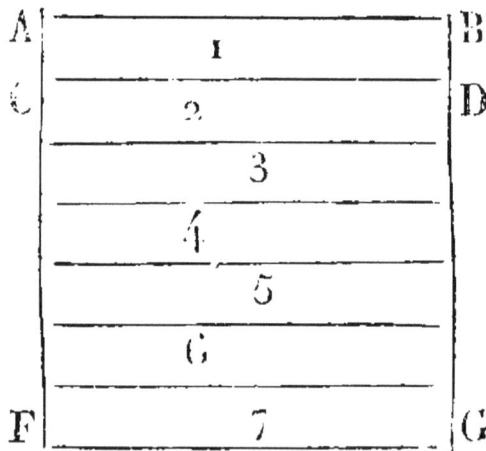

Si nous divisons en pouces (fig. ci-dessus) sa largeur AF ou BG, laquelle est de 7 pouces, nous aurons 7 règles 1, 2, 3.... 6, 7, qui auront chacune 3 pieds de long, 1 pouce de large sur autant d'épais.

Or, 3 pieds valent 36 pouces ; si donc on divise chaque règle suivant sa longueur en 36 parties , on aura 36 cubes d'un pouce ; les 7 règles fourniraient donc 7 fois 36 ou 252 pouces cubes. Il est évident qu'on aurait obtenu directement le même résultat en multipliant 36, la longueur de la membrure , par 7 sa largeur.

Mais nous avons supposé que la membrure n'avait qu'un pouce d'épais , tandis qu'elle en a réellement 3 ; elle vaut donc 3 fois autant que celle que nous venons de cuber , c'est à dire que, pour évaluer son volume en pouces cubes, il faut multiplier le résultat 252, que nous avons trouvé, par 3 ; le produit 756 exprime le nombre de pouces cubes que contient la membrure proposée.

Des raisonnemens et des développemens qu'on vient de lire , on tire cette règle.

Pour cuber le volume d'un prisme quelconque, multipliez sa longueur par sa largeur, et ce dernier produit par son épaisseur ; le résultat exprimera en pouces , mètres , etc. , la valeur du volume cherché ; ou , pour mieux dire , multipliez la surface de sa base par sa hauteur.

98. Que le volume soit *droit* ou *oblique* (64 à 67), la manière de procéder est la même ; soit, par exemple , un parallélipipède représenté par un jeu de cartes que nous supposerons faites de papier d'une épaisseur infiniment petite.

Si l'on dispose toutes ces cartes les unes au dessus des autres, et de façon que toutes les faces du paquet soient d'équerre et présentent

base par le tiers de la hauteur, le résultat sera le même.

Cubage d'un polyèdre quelconque.

100. Tout polyèdre peut être divisé exactement en un certain nombre de pyramides, donc on aura son cubage en calculant successivement le volume des pyramides qui le composent, et en ajoutant les résultats.

CUBAGE DES CORPS RONDS.

Cubage du cylindre.

101. Le cylindre pouvant être considéré comme un prisme (72), on aura son cubage en multipliant la surface du cercle qui lui sert de base par sa hauteur.

Cubage du cône.

102. Le cône étant une pyramide dont la surface convexe est composée d'une infinité de triangles, on aura l'expression de son volume en multipliant la surface du cercle qui lui sert de base par le tiers de sa hauteur (94).

Cubage de la sphère.

103. Calculez la surface de ce volume (95) et multipliez le résultat par le sixième de son diamètre.

NOTICE SUR LES OUTILS DONT LES MENUISIERS
FONT USAGE.

104. Les outils dont les menuisiers font
usage peuvent se classer ainsi qu'il suit :

1°. Outils propres à tracer l'ouvrage ;

2°. A *débiter* (diviser), ébaucher les bois ;

3°. A dresser, façonner, pratiquer des ornemens ;

4°. A creuser, percer ;

5°. A polir.

Outils propres à tracer.

105. Ce sont des règles, des compas, des
équerres, divers calibres, etc.

Des règles.

(106). La confection des règles est si simple,
que le premier venu la conçoit sans peine ; néanmoins ceux qui s'adonnent spécialement à la
fabrication de ces sortes d'outils font usage d'un
rabot, au moyen duquel ils font, sans tâtonner,
des règles droites d'une largeur et d'une longueur déterminées.

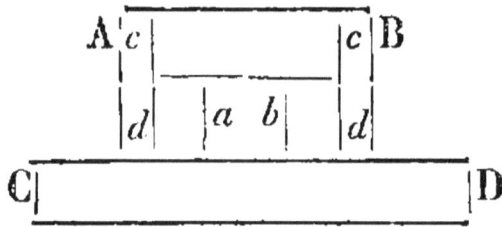

La figure ci-dessus représente ce rabot par un de ces bouts.

CD est l'établi sur lequel est couchée la règle *ab* qu'il s'agit de dresser au moyen d'un rabot AB, lequel porte deux joues *cd*, *cd*, qui le débordent en dessous. Quand on a passé l'outil un certain nombre de fois sur la règle, le fer cesse de couper ; cela arrive lorsque les joues *cd*, *cd* portent l'une et l'autre sur l'établi dans toute leur longueur.

On comprend que des règles dressées au moyen d'un tel rabot auront toutes la même épaisseur : on pourra, en procédant de la même manière, leur donner la même largeur ; et, si le plan de la table CD est correct, toutes ces règles seront parfaitement droites.

Un menuisier jaloux de donner à ses tracés toute la correction possible, aura des règles de métal à sa disposition, attendu que celles en bois se tourmentent continuellement, et ne sont, par conséquent, jamais bien droites. Le menuisier se procurera aussi des règles métalliques minces et souples, au moyen desquelles il puisse tracer des lignes sur des surfaces convexes ou concaves ; une vieille lame de scie, dont on aura dressé les bords, sera bonne pour cet usage.

Quelquefois on tire des lignes au moyen d'un cordeau tendu et saupoudré de craie, de poussière de charbon.

Des compas.

107. Nous en distinguerons de six sortes :
1°. Les compas à branches *droites ;*
2°. Les compas à branches *courbées ;*
3°. Les compas à *verges ;*
4°. Les compas *propres à mesurer des épaisseurs* et *les largeurs* en même temps ;
5°. Les compas à *coulisse ;*
6°. Le trusquin ;

Compas à branches droites.

108. Les plus simples se composent de deux branches terminées en pointe et assemblées à charnière au moyen d'un clou rivé ou d'une vis ; on en fait en métal de diverses grandeurs. Les menuisiers en construisent aussi dont les branches en bois sont armées de pointes de fer ou d'acier.

Pour rendre le frottement de la charnière doux et ferme tout à la fois, on graisse la tête de l'instrument avec une composition faite de cire et de l'huile.

109. Il y a des compas à branches droites dont la charnière consiste en un ressort (fig. 21), c'est à dire que les branches AC, BC sont

formées d'une seule pièce comme celles d'une paire de pincettes.

Les pointes A, B de ce compas tendent, par l'effet du ressort, à s'écarter : on les rapproche en tournant un écrou D que porte une vis rivée par la branche AC, et qui entre librement à travers une ouverture pratiquée dans la branche BC.

Cet instrument est fort commode pour diviser une longueur en petites parties : il conserve invariablement l'ouverture qu'on lui fait prendre en serrant ou desserrant l'écrou.

Compas à branches courbes.

110. Toute la différence qu'il y a entre eux et les précédens consiste en ce que leurs branches sont courbées, soit en dedans, soit en dehors ; dans le premier cas, ils sont propres à prendre des épaisseurs, surtout celles de corps ronds.

Si leurs pointes sont trouvées en dehors, ils sont utiles pour mesurer la largeur d'un trou.

Compas à verges.

111. Les compas à charnière ont l'inconvénient d'indiquer des longueurs incertaines, surtout lorsque leurs branches sont un peu longues attendu qu'alors elles sont susceptibles de plier ou de fléchir plus ou moins ; c'est ce qui a fait imaginer le *compas à verges*.

Il se compose (fig. 21) d'une règle AB, divisée en un certain nombre de parties égales, telles que pouces, lignes, centimètres, millimètres, etc. Cette règle entre dans des mortaises pratiquées au travers de deux mentonnets C, D, lesquels portent deux pointes, *a, b*.

Les mentonnets coulent librement, à frottement doux, tout le long de la règle ; mais on a la faculté de les fixer à la distance l'un de l'autre que l'on veut, au moyen de vis de pression *t, t*.

Quelquefois on remplace ces vis par des coins que l'on serre et desserre à volonté.

Dans la confection de cet instrument, on fait en sorte de fixer les pointes *a, b*, de façon qu'elles puissent se toucher lorsque les mentonnets sont l'un contre l'autre.

Ce compas a cet avantage, que la verge ou règle AB étant divisée en parties égales, il indique immédiatement la quantité dont il faut écarter les pointes *a, b*.

On fait quelquefois de ces compas entièrement en métaux ; ceux en bois sont d'un bon usage, et le menuisier peut les confectionner lui-même à très bon marché ; il trouvera chez le quincaillier les vis de pression *t, t*, dont il logera les écrous dans l'épaisseur des mentonnets. Afin que le dessus de la règle AB ne soit pas endommagé par la pression des vis, il faudra que leurs bouts appuient sur des plaques métalliques logées dans les mortaises.

Compas qui donnent en même temps des largeurs et des épaisseurs égales.

112. On en trouve dans le commerce qui ont cette propriété ; ils sont en métal, un peu chers, et rarement ils sont bien exacts. Le menuisier fera usage de celui que nous allons décrire, et qu'il pourra construire lui-même.

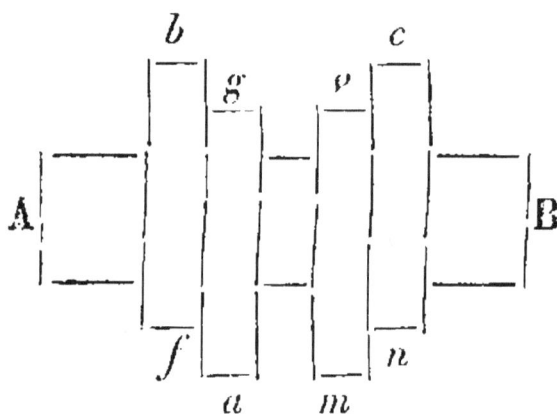

C'est une sorte de compas à verge : il se compose (fig. ci-dessus) d'une règle AB qui passe au travers de mortaises à jour pratiquées dans deux pièces *ba*, *cm*, composées, la première, de deux pièces *bf*, *ga* collées ensemble. La pièce *cnvm* est composée de la même manière ; ces pièces coulent le long de la règle AB, et se fixent où il convient, au moyen de vis de pression, de coins, comme les mentonnets d'un compas à verges (p. 55).

Les propriétés du compas que nous décrivons

se conçoivent aisément, lorsqu'on fait attention que les lignes *ba*, *cm* étant droites, la distance qui sépare les faces intérieures de ce que nous appellerons les pointes supérieures *b*, *c* de l'instrument est égale à la distance qui règne entre les faces extérieures des pointes *a*, *m*, ce que l'on conçoit après quelques momens de réflexion.

Telle est la manière de se servir de l'instrument.

A ☐ B

Supposons qu'il soit demandé de tailler un tenon qui remplisse exactement un trou carré AB.

On introduira les branches *a*, *m* du compas dans le trou, et les ayant écartées l'une de l'autre, autant que cela sera possible, on les fixera dans cette position ; l'écartement des branches *b*, *c* indiquera l'épaisseur qu'il conviendra de donner au tenon, afin qu'il entre du premier coup dans le trou ou mortaise AB, et la remplisse exactement.

Ce compas peut se faire entièrement en bois dur ; néanmoins il sera bon de garnir les extrémités de ses branches de lames de métal.

Compas à coulisse.

113. Cet instrument, qui est aujourd'hui fort répandu, n'est en quelque sorte que le *pied* dont les cordonniers se servent pour prendre mesure des chaussures ; c'est, en outre, une sorte de compas à verge.

Il se compose (fig. 23) d'une gaîne prismatique AB, divisée à l'extérieur en un certain nombre de parties égales, et portant à l'une de ses extrémités un mentonnet ou talon d'acier BC.

Dans la coulisse, entre, à frottement, une règle *ab* de même longueur qu'elle ; et, divisée semblablement en parties égales, elle porte aussi un talon d'acier FD, pareil à BC, celui de la coulisse.

Quand on veut prendre, au moyen de ce compas, la largeur, l'épaisseur, etc., d'un objet, il suffit d'écarter d'une quantité nécessaire pour embrasser l'objet le talon DF du talon BC ; les divisions de la règle *ab*, comprises entre les deux talons, donnent en lignes, centimètres, millimètres, la longueur de la dimension qu'on mesure.

Le compas à coulisse sert en même temps de mesure, et quoique portatif, comme il a la propriété de s'alonger, on en fait qui peuvent acquérir une longueur d'un demi-mètre (18 pouces).

Un menuisier peut fort bien exécuter un semblable instrument en bois dur et liant ; il couvrira l'intérieur des talons de lames de métal.

Le trusquin.

114. Cet instrument est une sorte de compas à verge ; il est d'un grand usage pour tirer des parallèles.

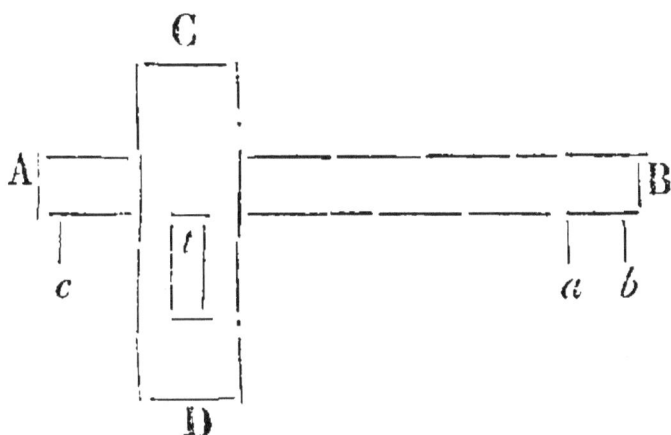

Le trusquin se compose d'une règle AB, aussi épaisse que large, dont les bouts sont armés d'un certain nombre de pointes aiguës *c*, *a*, *b*.

Vers le milieu d'un bout de planche CD, grand comme la main plus ou moins, est percé un trou carré dans lequel entre, à frottement, la règle AB ; la planche CD, qu'on appelle la *joue* ou le *guide*, se fixe sur tel point que l'on veut de la règle CD, au moyen d'un coin *t* : voici la manière de faire usage de l'instrument.

Soit demandé de tirer une parallèle qui soit à
1 pouce de distance du bord bien dressé d'une
planche, fixez la joue CD à 1 pouce de la pointe
c, par exemple, après quoi, appliquant la joue
contre le bord de la planche, promenez l'instrument de façon qu'en allant et venant la
pointe c trace une ligne sur le dessus de la
planche; cette ligne sera parallèle au bord contre
lequel on aura appliqué la joue.

Il y a encore d'autres compas, tels que
ceux dits de *proportion*, de *réduction*, etc., dont
les dessinateurs font usage; nous en dirons
quelque chose par la suite.

Des équerres.

115. On en distingue de plusieurs sortes, qui
sont les équerres dites *simples*, à *chapeau*, *d'onglet*, *sauterelle* ou *fausse équerre*, à *arc-de-
cercle*, à *coulisse*, etc.

Équerre simple.

116

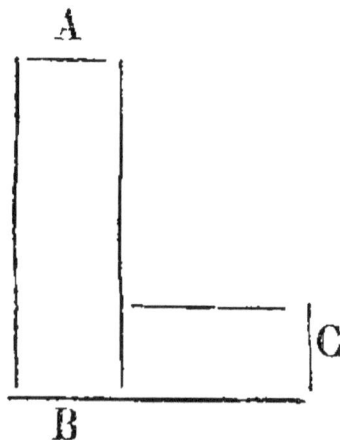

Elle se compose de deux règles AB, BC, ayant même épaisseur, et dont les directions forment le plus souvent un angle droit ; on fait de ces équerres en bois ou en métal, elles servent à s'assurer si les faces d'une pièce sont perpendiculaires l'une sur l'autre (sont d'équerre).

Équerre à chapeau.

117. Elle ne diffère de la précédente qu'en ce que l'une des règles, celle AB, par exemple, et qu'on appelle le *chapeau*, est plus épaisse que la règle BC (fig. ci-dessus) ; les directions de ces règles forment un angle droit, et, pour que l'instrument soit exact, il est nécessaire que les deux bords de la règle BC soient bien parallèles entre eux.

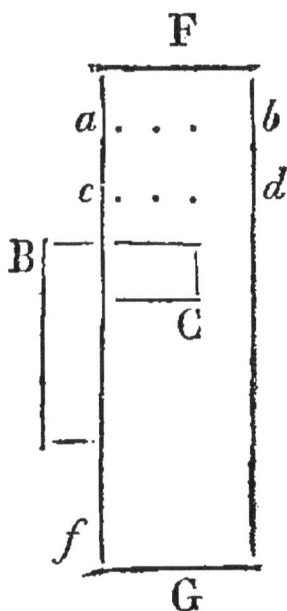

L'équerre à chapeau sert à reconnaître non seulement si deux faces consécutives d'une membrure, d'une planche, forment un angle droit; mais encore, on s'en sert pour tracer des parallèles, ou mener des perpendiculaires à une autre ligne.

Soit, par exemple, une planche FG, dont le bord *acf* est parfaitement droit, si l'on applique la saillie du chapeau AB de l'instrument contre ce bord, et que l'on conduise une pointe, un crayon, etc., le long de la branche BC de l'é-querre, on tracera des lignes *ab*, *cd*..., qui toutes seront perpendiculaires au bord *acf* de la planche, et parallèles entre elles.

On fait maintenant des équerres à chapeau dont la branche BC est une lame mince d'acier trempé; les joues de l'instrument sont quelquefois doublées en cuivre.

Ces équerres conservent long-temps leur justesse, et comme la branche BC est flexible et fait ressort, on s'en sert commodément pour tirer des lignes sur des surfaces concaves ou convexes.

Manière de s'assurer de la justesse d'une équerre destinée à mesurer des angles droits.

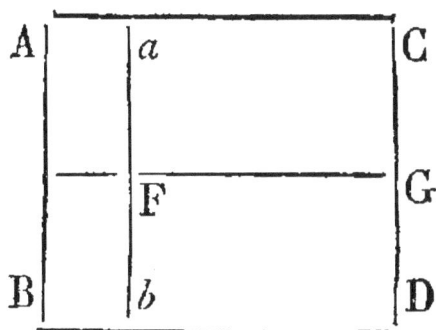

Prenez un bout de planche ABCD, dressez le bord AB avec soin, puis, au moyen d'un trusquin (p. 57), tirez une ligne *ab* qui soit parallèle au bord AB.

Cela fait d'un point quelconque pris sur *ab*, élevez une perpendiculaire FG (42).

Pour vérifier une équerre simple, appliquez-la de façon que les bords intérieurs de ses branches soient le plus près possible des côtés des angles droits *a*FG ou GF*b*; l'équerre sera juste si les bords intérieurs de ses branches se confondent avec les côtés des angles.

L'équerre à chapeau (59) sera juste si, ayant appliqué successivement l'une et l'autre de ses joues contre le bord AB de la planche, les bords de la règle BC se confondent avec la perpendiculaire FG.

Il y a des ouvriers qui, ayant appliqué une des joues de l'équerre contre le bord AB,

6

tirent le long de la branche BC une ligne indéfinie FG, puis ils retournent l'instrument, l'appliquent par l'autre bout contre le bord de la planche, et ils jugent qu'il est juste lorsque les bords de la règle ou branche BC peuvent se confondre exactement avec la direction de la ligne FG, etc. Ce procédé peut induire en erreur : car, pour qu'il méritât une entière confiance, il faudrait que les faces des deux joues du chapeau fussent dans le même plan, ou du moins dans des plans parallèles entre eux ; ce qui peut ne pas être ; dans tous les cas, il est préférable de suivre la méthode que nous avons indiquée.

*Équerre propre à tracer la coupe dite d'*ONGLET.

118. Cet instrument, qui est représenté (fig. 24), comprend trois sortes d'équerres :

1°. L'équerre simple, dont le profil est représenté par les lignes AB, BC, lesquelles forment un angle droit en B ;

2°. Une équerre à chapeau, dont la joue est figurée par une saillie FF, laquelle forme un angle droit avec la ligne aA ;

3°. L'équerre dite a, *onglet* dont le profil est donné par les lignes ab, bc ; les directions de ces lignes forment en b un angle de 45°, ou qui est la moitié d'un droit.

Comme on le voit, cet instrument peut tenir lieu d'équerre simple et d'équerre à chapeau, surtout lorsqu'on a des tracés à faire sur des faces qui ont peu de largeur. Quant à son usage, pour tracer une coupe qui soit d'onglet, il est fort simple; on applique la joue FF contre le bord de la pièce, et l'on tire une ligne le long du bord Fc de l'instrument; cette ligne forme, avec le bord de la pièce, deux angles, un obtus, qui est de 135°, et l'autre aigu, qui en a 45; c'est ce dernier qui indique la coupe d'onglet; c'est à dire que deux pièces BD, BC (fig 25), qui sont taillées de façon que leurs bouts ABD, ABC présentent un angle de 45°, forment, quand elles sont assemblées, un angle droit CBD.

Fausse équerre ou sauterelle.

119. Cette dénomination est vague et manque de justesse ; on devrait appeler l'instrument équerre *universelle* ou *à tout angle*. En effet, la sauterelle n'est autre chose qu'une équerre à chapeau, dont les branches AB (qui est le chapeau), BC (fig. 26) sont réunies en charnière, et tournent à frottement, comme les branches d'un compas autour d'un clou rivé *t*, de façon que la branche BC pouvant prendre toute sorte d'inclinaisons par rapport au chapeau AB, lequel est formé de deux pièces comme le manche d'un rasoir ordinaire, l'instrument peut indiquer toute sorte d'angles, tels que ABF, ABC, ABD ...

On trace avec la sauterelle divers angles de la même manière que lorsqu'on fait usage de l'équerre à chapeau, c'est à dire qu'ayant ouvert l'instrument de la quantité requise, on applique la joue AB contre le bord de la pièce, on tire une ligne le long du bord de la branche BC, etc.

La sauterelle sert le plus souvent à prendre la copie d'un angle quelconque.

Équerre à coulisse.

Cet instrument est d'une grande utilité pour les tourneurs, il est à peine connu du très grand nombre des menuisiers ; néanmoins, comme il peut servir à se rendre compte si les faces intérieures d'un trou, d'une mortaise, par exemple, ont atteint ou dépassé le degré de pente qu'on veut leur donner, et que d'ailleurs le menuisier peut le construire lui-même à très peu de frais, nous allons lui en donner une idée.

Une règle CD coule, à frottement dur, dans une entaille *abcd*, pratiquée à angle droit (d'équerre), vers le milieu d'un bout de planche AB, de sorte que les angles A*b*D, B*d*C sont droits.

Il serait bon de faire la règle CD en métal, afin qu'elle eût autant de solidité, sous un bien moindre volume, que si elle était en bois.

On ouvrirait donc dans son milieu une rainure fermée *t u*, dans laquelle passerait la tige d'une vis dont la tête serait logée dans l'épaisseur de la planche AB; un écrou servirait à fixer la règle CD sur tel point de sa longueur que l'exigeraient les circonstances.

Voici l'usage de cet instrument :

Supposons qu'on ait l'intention de creuser une mortaise à 3 pouces de profondeur, et qu'on veuille s'assurer si toutes les faces sont d'équerre avec le plan dans lequel commence l'ouverture de la mortaise, on fixera la règle CD de façon que son bout D dépasse le bord *bd* de la planche AB de 3 pouces ; voilà pour s'assurer de la profondeur de la mortaise. On verra si ses faces sont d'équerre, en appliquant contre les bords *b*D ou *d*O de la règle CD.

Il sera facile, à quiconque aura compris le principe de cet instrument, de le modifier, de le perfectionner : on en fait beaucoup en métaux, mais ils reviennent un peu cher.

Équerre à arc de cercle.

120. Un bout de planche ACB (fig. 27) porte

un arc de cercle FCG divisé en parties égales, son centre est en *o*. Sur le centre, tourne une coulisse *ttt*, dans laquelle coule, à frottement, une règle *ab*, que l'on fixe à volonté au moyen d'une vis, ou de toute autre manière qu'il est facile d'imaginer.

L'arc FCG étant divisé en degrés, un *index* (une pointe) que porte la coulisse *ttt* indiquera l'angle que doit faire la direction de la règle *ab* avec la joue AB de l'instrument.

On voit qu'une équerre de cette espèce peut remplacer avec avantage celle que nous avons déjà décrite p. 65), car la règle *ab* peut indiquer la profondeur et l'inclinaison des faces de toute sorte de mortaises.

Outils propres aux débit et corroyage des bois.

L'établi peut être regardé comme le premier outil du menuisier; il est composé d'un dessus, de quatre traverses et d'un fond : sa largeur est de 55 centimètres (20 pouces) plus ou moins , sa longueur ordinaire est de 9 pieds, et sa hauteur de 2 pieds et demi.

La table, qui est d'orme ou de hêtre, est percée de plusieurs trous qui doivent avoir 14 à 16 lignes de diamètre et être percés bien perpendiculairement; ces trous sont destinés à recevoir les valets , qui sont des outils de fer dont l'usage est de fixer l'ouvrage d'une manière ferme et stable.

Ces valets ont ordinairement 18 à 20 pouces et même 2 pieds de longueur de tige ; leur grosseur est de 12 à 15 lignes, et la courbure de leurs pattes de 5 à 6 pouces de hauteur. Ils doivent être courbés de manière qu'étant serrés ils ne pincent que du bout de la patte, laquelle doit s'amincir insensiblement. On serre le valet en frappant sur la tête avec le maillet ; on le desserre en frappant sur le derrière de la tête.

A 3 pouces environ du devant de la table, on perce une mortaise de 3 pouces en carré, laquelle doit être bien perpendiculaire et bien dressée intérieurement ; on y fait entrer à force une boîte que l'on fait, suivant le besoin, mouvoir, hausser et baisser à coups de maillet. Cette boîte porte, à son extrémité supérieure, un crochet de fer garni de dents, à l'effet de retenir les bois qu'on veut travailler ; le crochet doit effleurer le dessus de la boîte. Les pieds de devant de l'établi sont percés de trois trous chacun, dans lesquels on tient des valets de pied de l'établi. Les valets de pied ne diffèrent des autres qu'en ce qu'ils sont plus petits : leur usage est de retenir le bois sur le champ le long de l'établi ; le bois est arrêté d'une manière stable à l'aide d'un crochet de bois, lequel est retenu avec des vis sur le champ du dessus de l'établi.

On peut ajuster des tiroirs dans cet établi pour y serrer des outils ; on peut même le fermer en partie au pourtour avec des planches.

Sur le côté de l'établi, à la droite du crochet, on pose une planche d'environ 18 pouces de long, laquelle est attachée sur des tasseaux qui la séparent de l'établi de 6 à 8 lignes : cette planche se nomme *râtelier* et sert à placer les outils à manche, comme fermoirs, ciseaux, etc.

Depuis une cinquantaine d'années, les établis sont munis d'une presse ordinairement en bois. Les menuisiers intelligens font faire la vis de cette presse en fer, et ils ont bien raison.

Enfin, sous la table de l'établi, on attache avec une vis un morceau de bois creux en forme de boîte, où se met de la graisse servant à frotter les outils.

Le corps de l'établi est communément en bois de chêne.

Maillet, morceau de bois de charme ou de frêne, de 7 pouces de longueur sur 4 à 5 de hauteur et 3 d'épaisseur, arrondi sur ses extrémités et diminuant par le bas. Son manche, d'un bois liant, est d'environ 8 pouces de longueur.

Marteau de fer de 4 à 5 pouces de longueur. Son bout carré, nommé la *panne*, doit être d'acier; l'autre bout est mince ; son manche est de bois et de 9 à 10 pouces de longueur.

La scie à refendre des menuisiers est à peu près disposée comme celle des scieurs de long, c'est à dire que le fer de la scie est placé au milieu d'un châssis ; mais elle est plus petite, n'ayant que 3 pieds ou 3 pieds et demi de hauteur sur 2 pieds de largeur.

On donne de la voie aux scies avec un tourne-à-gauche, lequel est un morceau de fer plat

d'environ une ligne ou une ligne et demie d'é-
paisseur, dans lequel sont faites plusieurs entailles de 3 à 4 lignes de profondeur sur différentes épaisseurs. On prend, avec ces entailles,
les dents de la scie pour les écarter à droite et à
gauche alternativement.

La scie à débiter est composée, comme toutes
les autres, d'une corde et d'un garrot ou morceau de bois qui sert à tordre la corde, et par
conséquent à tendre la scie.

La scie à chantourner est construite, comme
la scie à débiter, d'une grandeur à peu près
égale, excepté que la lame n'a que 8 ou 9 lignes
de largeur, et qu'elle est arrêtée dans deux tourillons de fer, lesquels passent à travers les bras
de la scie; ils ont chacun une ouverture pratiquée à leur tête, ce qui donne la facilité de les
tourner à droite ou à gauche, selon qu'on en a
besoin.

Il y a d'autres scies à chantourner encore
plus petites; il y en a dont la lame n'a que 4 à
6 lignes de largeur, afin de pouvoir passer dans
toute sorte de contours.

Outils pour corroyer le bois.

Les outils propres au corroyage des bois sont
les varlopes et les demi-varlopes, les feuillerets,
les réglets, l'équerre, les trusquins, le fermoir
et le ciseau, les rabots tant droits que cintrés
de tout sens, et le rabot de bout.

La varlope est composée d'un fût de bois, d'un fer et d'un coin. Ce fût doit avoir 27 pouces de longueur sur 2 pouces 9 lignes d'épaisseur, et 4 pouces moins un quart ou 4 pouces dans sa plus grande hauteur. Cette hauteur diminue d'environ 9 lignes sur les extrémités.

Au milieu de l'épaisseur du fût, à 16 ou 17 pouces de son extrémité, il y a un trou qu'on nomme *lumière*, où se place un fer d'environ 2 pouces de large et qui est arrêté par un coin de bois. C'est de la manière dont est percée la lumière de la varlope et de la pente et inclinaison qu'on lui donne, que dépendent sa bonté et le service qu'on en attend pour la sortie des copeaux de bois. Le dessous de la lumière d'une varlope doit être fort mince et ne laisser qu'une demi-ligne pour le passage du copeau. Le derrière de la lumière sera un peu creux sur sa longueur, et le devant moins incliné que le derrière, afin que le coin puisse y arrêter le fer.

Le coin qui sert à tenir le fer est évidé par le milieu et terminé par le haut en forme d'un arc évasé. Il est bon qu'il serre par le bas un peu plus que du haut et qu'il joigne bien des deux côtés. On enfonce le coin avec un marteau, et on le desserre en frappant sur l'extrémité de la varlope.

Le fer de la varlope est un morceau de fer plat de 7 à 8 pouces de longueur sur environ 2 pouces de largeur et une ligne ou une ligne et demie d'épaisseur. On adapte sur le plat d'un côté de ce fer une tranche d'acier que l'on trempe, après qu'elle est soudée avec le fer qui est abattu en chanfrein du côté opposé à l'acier, ce qu'on nomme *biseau du fer.*

Au dessus et à 3 ou 4 pouces du bout de la varlope, est une poignée de 3 pouces de haut sur 5 à 6 pouces de longueur, laquelle est évidée par le milieu pour qu'on puisse tenir la varlope sans se gêner. A l'autre extrémité et à environ 5 pouces du bout, est une autre poignée en forme de volute, laquelle sert aussi à tenir et à conduire la varlope.

La plupart des fers de varlope et des autres outils à fût viennent d'Allemagne : on les affûte, c'est à dire qu'on les aiguise sur un grès avec de l'eau. Le fer de la varlope doit être affûté très carré et arrondi insensiblement sur les coins.

La demi-varlope ne diffère de la grande qu'en ce qu'elle est plus petite d'environ 6 pouces : sa lumière est un peu plus en pente, et son fer doit être affûté rond pour éviter les éclats.

Le feuilleret est un outil dont le fût en bois a environ 15 pouces de longueur sur 3 pouces et demi de largeur et 1 pouce d'épaisseur ; sa lumière est à entaille de la profondeur du fer, lequel est ordinairement de 6 à 7 lignes. On pratique une feuillure ou conduite par dessous de 3 à 4 lignes de saillie sur une largeur égale à celle du fer que l'on enfonce d'une ligne d· plus que le conduit, afin qu'il ne passe point de copeaux entre le fer et le fût.

Le fer doit un peu saillir en dehors et être affûté sur l'arète. Il faut aussi que la lumière soit un peu déversée en dehors sur son épaisseur, pour faciliter la sortie du copeau. Les arètes extérieures du feuilleret sont arrondies : on fait une encoche sur son extrémité pour retenir la main de l'ouvrier.

Les réglets sont deux tringles d'environ 18 pouces de long et de 3 à 4 lignes d'épaisseur : ces réglets passent dans deux autres morceaux de bois percés d'une mortaise, en sorte qu'ils puissent y couler aisément. Les morceaux de bois ont un pouce et demi de plus long que les mortaises et sont creusés en dessous; ils doivent être bien parallèles entre eux et égaux en hauteur : il y a, aux deux bouts des réglets, de petites chevilles pour arrêter les bois.

Le fermoir et le ciseau sont des outils de fer de 5 pouces de long sur 1 à 2 de large, et garnis d'un manche de bois de cinq pouces, au moins, de longueur. Le manche du fermoir est arrondi par le bout; celui du ciseau est arrondi et abattu en chanfrein du côté du biseau.

Le ciseau a un biseau, et n'a de l'acier que d'un côté.

Le fermoir a deux biseaux ou plutôt n'en a point, étant affûté le plus long qu'il est possible, et son acier étant placé au milieu de son épaisseur.

Les rabots ont 7 à 9 pouces de longueur sur 3 pouces de hauteur et 2 d'épaisseur : leur lumière est percée par dessous, à 4 pouces et demi ou 5 pouces de leur extrémité; ils sont ordinairement de bois de cormier. Leur fer est plus petit que celui de la varlope. On le retire en frappant le bout du rabot du côté opposé au derrière de la lumière.

Il y a aussi des *rabots cintrés*, tant sur la longueur que sur la largeur.

Le rabot debout est plus petit que les autres outils de cette espèce, et la pente de sa lumière est plus droite.

Manière de corroyer le bois.

Avant de corroyer le bois, on choisit le côté qui est plus de fil. On commence à le dégrossir sur le plat, à la demi-varlope à grand fer, jusqu'à ce qu'on ait atteint toutes les fautes du bois. On finit de le dresser et de le dégauchir avec la varlope. On s'assure s'il est bien dégauchi, soit en le regardant par les bords, ce qui s'appelle *bornoyer*, soit en présentant une règle, pour reconnaître les endroits qui sont creux ou bouges sur la largeur.

Le bois étant corroyé sur le plat, on le retourne sur le champ; on le dresse debout avec la demi-varlope; on le finit à la grande varlope.

Quand le bois est bien droit et à l'équerre, on le met de largeur en passant un trusquin le long de la rive droite, en sorte que sa pointe trace sur l'autre rive une ligne parallèle à la première.

Si le bois est trop large, on l'arrête sur l'établi, avec le valet, pour le hacher avec le fermoir et le maillet : on y passe ensuite le feuilleret, afin d'atteindre le trait du trusquin, et on le met d'équerre avec la demi-varlope et la varlope.

Si le bois est un peu épais, on passe le trusquin des deux côtés, pour le rendre plus juste de largeur et d'épaisseur.

On nomme *pied-de-biche* un morceau de bois dur, au bout duquel on fait une entaille triangulaire, pour recevoir et arrêter les planches courtes qu'on veut travailler sur l'établi.

Les bois qui doivent être cintrés en plan peuvent se corroyer de deux manières différentes.

Dans la première, on les dresse sur le champ ou on les pose de largeur, puis on les met d'équerre par les deux bouts; enfin, on trace le cintre des deux côtés avec le calibre, et on les corroie avec un rabot cintré.

Dans la seconde manière, lorsque les courbes étant trop larges on craint de les gauchir pour les mettre d'équerre, il faut tirer sur le plat de la courbe, et à ses deux extrémités, deux traits carrés, d'après lesquels on donne deux coups de guillaume en forme de feuillure. On pose dans ces deux feuillures deux morceaux de bois d'égale largeur, pour suppléer aux réglets.

Quand les deux extrémités de la courbe sont bien dégauchis, on y marque un trait des deux côtés, on le corroie alors avec un rabot cintré.

Les bois étant tracés, et avant de faire les assemblages, on commence par y pousser les moulures et à faire les ravalemens ou amincissemens nécessaires.

Les outils qu'on emploie à cet usage sont les gorges, gorgets et tarabiscots de différentes formes, les bouvets de deux pièces et à ravaler, les guillaumes et les rabots.

Les gorges et gorgets, les tarabiscots, les bouvets à ravaler, et presque tous les outils propres à pousser les moulures, sont composés d'un fer et d'un fût de 9 pouces de longueur, sur 2 pouces et demi à 3 pouces de largeur, en observant de laisser 8 à 9 lignes d'épaisseur au fût, d'après le fond de l'entaille ou lumière, afin qu'il puisse résister à la pression du coin.

On fait dans ces sortes d'outils une conduite au point d'appui sur le devant, afin qu'ils portent également des deux côtés, ce qui le rend plus doux à pousser; quelquefois on applique, sur le côté de la gorge opposé à la lumière, un morceau de bois que l'on nomme une *joue*, pour lui servir de conduit; souvent même on le ravale dans le même morceau.

Cependant, comme les largeurs des moulures varient, on a imaginé de monter les joues de ces outils sur des bouvets de deux pièces à vis, afin d'avoir la facilité de les ouvrir ou les fermer, selon le besoin.

Le bouvet de deux pièces est ainsi nommé, parce que son fût est composé de deux pièces sur l'épaisseur, dont l'une, qui porte le fer, est assemblée avec deux tiges qui passent au travers de la seconde pièce, servant de joue au bouvet, de sorte qu'on peut, avec cet outil, faire une rainure à telle distance du bord de la pièce qu'il est nécessaire, du moins autant que peut le permettre la longueur des tiges.

On fait aussi des bouvets de deux pièces cintrées, tant sur le plan que sur l'élévation.

Il en est un autre que l'on nomme *bouvet à noix*, parce que la languette de la pièce du devant est arrondie. Ce bouvet sert à faire des noix ou rainures creuses pour les croisées et autres parties ouvrantes : il a depuis 4 jusqu'à 8 lignes de largeur, et une ligne de plus de profondeur : son fer doit être affûté de deux côtés.

Lorsque les fers de ces outils sont trop gros, il faut deux ouvriers pour les pousser, l'un devant et l'autre derrière.

Le guillaume est composé d'un fût, d'un fer et d'un coin. Le fût a 15 à 16 pouces de longueur sur 3 pouces et demi de largeur, et 1 pouce ou 15 lignes d'épaisseur, par dessous lequel, et à environ 9 pouces de son extrémité, est percée une lumière, laquelle occupe en largeur jusqu'à environ 15 lignes de hauteur, et elle se termine par une mortaise de 4 à 5 lignes d'épaisseur : cette lumière doit être étroite par le bas, en sorte qu'elle n'ait que l'épaisseur du fer et le passage du copeau ; ensuite, elle se termine en rond vers le commencement de la mortaise en forme d'entonnoir, afin que les copeaux sortent aisément.

Le coin n'a d'épaisseur que 4 à 5 lignes, qui est la largeur de la lumière ; il saille le dessus du guillaume d'environ 2 pouces.

Le fer est fait en forme de pelle à four ; il doit être carré, un peu affûté sur les rives, et désaffleurer un peu le fût de chaque côté.

Il y a des guillaumes cintrés ; il y en a aussi d'une forme semblable à celle d'une navette, qu'on nomme pour cette raison *guillaume à navette*.

Les outils propres à faire les mortaises sont les becs-d'âne de toute grosseur, le maillet et le ciseau.

Le bec-d'âne est un outil de fer qui a depuis 6 jusqu'à 9 ou 10 pouces de longueur, et depuis 5 lignes jusqu'à 9 ou 10 de largeur ; il a un manche de bois de 5 à 6 pouces de longueur.

Les sergens qu'on emploie pour serrer les joints ou retenir les ouvrages sont des outils de fer composés d'une barre ou verge dont le bout est recourbé en forme de crochet ou de mentonnet, lequel passe dans un autre morceau de fer qu'on nomme la *patte du sergent* : cette patte glisse le long de la tige selon qu'on le juge à propos. Le bout de cette patte est recourbé en forme de mentonnet, ainsi que l'autre bout de la tige, et est rayé, à son extrémité, à peu près comme une lime, afin de lui donner plus de prise sur le bois.

La longueur des sergens varie depuis 18 pouces jusqu'à 6, et même 8 pieds : la patte doit excéder le dessous du sergent de 3 à 4 pouces aux plus petits et de 6 pouces aux plus grands.

On se sert quelquefois, pour les ouvrages qui ont trop de longueur, d'une tringle de bois qu'on appelle *entaille à ralonger les sergens*, laquelle a 3 à 4 pouces de largeur sur 8 à 9 pieds de longueur, et 1 pouce et demi d'épaisseur. A l'un des bouts est un mentonnet pris dans la largeur du bois pour serrer l'ouvrage ; de l'autre côté de sa largeur sont plusieurs entailles à angle aigu, à 15 pouces les unes des autres, où l'on place le bout du sergent, lequel s'appuie sur l'autre rive de l'ouvrage.

On emploie encore, pour serrer les panneaux, certains outils de bois nommés *étreignoirs*, lesquels sont composés de deux fortes pièces nommées *jumelles*, de 4 à 5 pieds de long sur 4 à 5 pouces de large et 2 pouces d'épaisseur. A 6 ou 8 pouces des bouts de ces jumelles est percée une mortaise carrée d'environ 1 pouce et demi, laquelle est au milieu de leur largeur, et dans ses jumelles on fait passer une tige de 8 à 9 pouces de long. On pratique deux ou trois mortaises semblables dans la partie supérieure des étreignoirs, et l'on y passe une autre tige de mêmes forme et longueur que la première.

Quand on veut serrer un panneau avec les étreignoirs, on le passe entre les deux jumelles, et on l'appuie sur la tige du bas ; on approche les jumelles sur lesquelles le panneau est dressé, on passe la tige de dessus dans la mortaise la plus proche du panneau ; ensuite on fait passer un coin de bois que l'on enfonce avec le maillet entre la tige et le panneau.

Il faut deux étreignoirs au moins pour serrer un panneau ; du reste, l'usage de ces outils est très bon, parce qu'ils ménagent l'ouvrage.

Des outils pour les chantournemens, les moulures, et de ceux propres à finir l'ouvrage.

On a déjà vu que l'on se sert de la scie à tourner pour chantourner les traverses ; ensuite, on atteint le trait, qu'on met d'équerre, autant qu'il est possible, avec le rabot cintré ; à son défaut, on se sert du ciseau, de la râpe à bois et du racloir.

La râpe à bois est une espèce de lime dont les dents sont saillantes et piquées en forme d'un demi-cercle.

Il y a différentes espèces de ces râpes à bois, savoir : les rudes, les douces, celles qui sont plates d'un côté et rondes de l'autre, d'autres qui sont plates de deux côtés ; il en est encore de *coudées*, qui servent à finir le fond des gorges.

Les racloirs sont des morceaux d'acier de 2 à 3 pouces de long sur environ 1 pouce de large : ils entrent en entaille dans un morceau de bois qui sert à les tenir. On affûte le fer de ces outils à l'ordinaire ; puis, avec la panne d'un marteau, on replie le fer en dedans à contre-sens du biseau ; en sorte qu'en le passant sur le bois il enlève des copeaux très minces.

Après que les traverses sont chantournées, on les raine avec les bouvets cintrés ou avec un bec-d'âne de la grosseur de la rainure.

Les outils pour les moulures sont en très grand nombre ; mais la manière de les faire et de s'en servir étant presque toujours la même, il suffit d'observer qu'en général ces outils doivent avoir 9 pouces de longueur sur 3 pouces à 3 pouces et demi de largeur, et une épaisseur relative à leur forme : les lumières de ces outils doivent avoir 50 degrés de pente, et être déversés en dehors pour faciliter la sortie des copeaux ; enfin, leurs fers, ainsi que leurs coins, doivent entrer derrière le conduit d'environ une ligne : il faut aussi que les outils des moulures portent non seulement sur la tringle qu'on met dans la rainure, mais encore sur le nu du champ, afin que l'ouvrage profile bien.

Quant aux outils qui ont deux fers, comme les doucines à baguettes et les talons renversés, on ne les fait distans l'un de l'autre que de l'épaisseur de celui de dessus.

Les outils à dégagement sont les boudins, les doucines à baguettes et les talons renversés : à cet égard, on observe que le dégagement de la baguette est souvent très mince et sujet à se casser ; c'est pourquoi on en rapporte un à bois debout, qui est de cormier, de buis, ou bien d'os ou d'ivoire, et même de cuivre.

La plupart des fers des outils de moulure se

trouvant tout faits chez les marchands, on les affûte d'abord sur les grès, ensuite sur l'*affiloire* ou *pierre à affiler,* espèce de pierre grise parsemée de points brillans, qui se tire de la province d'Anjou.

Lorsque les moulures sont poussées, on les finit, et suivant l'expression d'usage, on les *relève,* en les dégageant et en arrondissant les talons et les baguettes.

Les outils propres à cet usage sont les mouchettes à joues, les grains d'orge, les mouchettes de toute grosseur, les becs de canne, les gorges fouillées.

Les mouchettes sont des outils à fût qui servent à arrondir l'ouvrage, et dont le fer est affûté en creux.

Les mouchettes à joues diffèrent des autres mouchettes, seulement parce qu'elles ont deux joues à leur fût pour appuyer dessus et contre le bois qu'on travaille.

Les becs de canne servent à dégager le dessous des talons ou des baguettes, lorsque les mouchettes à joues n'y peuvent pas pénétrer : ils diffèrent des autres outils de moulures, en ce qu'ils coupent horizontalement, au lieu que les autres coupent d'à-plomb.

La pointe des becs de canne étant très mince, et le bois de leur fût ne pouvant guère subsister long-temps, on a coutume de les fortifier par des semelles de cuivre ou de fer.

Les gorges fouillées sont des espèces de becs de canne qui ne diffèrent que parce que leur extrémité est arrondie en forme de gorge, et qu'elle porte un carré. Les menuisiers font ordinairement le fer de ces outils, parce qu'on en trouve rarement de tout faits chez les marchands. On les emploie à fouiller le dessous des talons pour élargir et terminer le fond des gorges.

Le guillaume de côté est un outil dont le fer est placé d'à-plomb, et qui coupe horizontalement : il sert à élargir les rainures ou à redresser celles qui sont mal faites.

Équarrir les panneaux, c'est les mettre à la largeur et à la longueur convenables ; on y pousse ensuite les petites bandes avec un outil nommé *guillaume à plates-bandes :* cet outil diffère des autres guillaumes, parce qu'il a un conduit, et que la pente de la lumière est inclinée en dedans sur la largeur du fer pour le rendre plus doux et plus propre à couper le bois debout et de rebours.

Cet outil a deux fers, l'un qui forme ce que l'on appelle plate-bande, l'autre le carré, lesquels font ensemble environ 14 à 16 lignes de largeur : au dessus, et vers le bout de ce guillaume, il y a une encoche semblable à celle du feuilleret d'établi, laquelle sert à appuyer la main de l'ouvrier.

Il y a aussi des guillaumes à plates-bandes cintrées, tant sur le plan que sur l'élévation.

Lorsqu'on a poussé le guillaume à plates-bandes à la profondeur nécessaire, on répare le carré avec un guillaume ordinaire qu'on affûte carrément, afin qu'il morde également des deux côtés. On borne la hauteur du carré avec un petit feuilleret dont le conduit n'a de hauteur que celle du carré.

Si le bois des plates-bandes est trop de rebours, on le reprend à sens contraire avec un guillaume à adoucir, lequel est de 8 à 9 pouces de long, et qui a ses arêtes arrondies.

Lorsque l'ouvrage est à double parement, il faut pousser les plates-bandes des deux côtés, en commençant par le parement, et le mettant ensuite au molet par derrière, c'est à dire en faisant ses languettes d'une épaisseur égale à celle de la rainure : on emploie, pour cet effet, un morceau de bois de 3 à 4 pouces de long, où l'on fait une rainure dans laquelle on fait entrer la languette en l'amincissant avec le guillaume à plates-bandes.

Le feuilleret à mettre au molet, dont on se sert pour les ouvrages à un seul parement, a 9 à 10 pouces de long : son fer est en pente en dedans, et a 7 lignes de largeur depuis le nu du conduit.

Après avoir poussé les plates-bandes autour des panneaux, on les replanit, ou l'on en ôte les irrégularités avec un rabot à grand fer, ensuite avec des rabots plus doux.

Les panneaux étant finis, il faut assembler l'ouvrage en présentant et ajustant chaque pièce à la place qui lui est destinée ; mais il faut auparavant recaler les onglets avec le ciseau ou le guillaume.

Les cadres et les autres pièces, qui sont toutes

d'onglet, se recalent avec la varlope à onglet, laquelle ne diffère des rabots qu'en ce qu'elle est plus longue, ayant 12 à 14 pouces de longueur; la pente de sa lumière est aussi plus droite.

On se sert encore, pour recaler, d'un outil de bois que l'on nomme *boîte à recaler*, composé de quatre morceaux de bois joints ensemble à angles droits ou d'équerre. Un des bouts de cette boîte est coupé d'onglet. Pour en faire usage, on arrête avec le valet le cadre qu'on veut recaler, de manière que le trait de l'arasement affleure le dehors de la boîte; et l'on recale le bout du cadre qui excède cette dernière avec la varlope à angle.

L'ouvrage étant assemblé, on met les panneaux à leur place, afin de les cheviller et de les fixer.

S'il y a des traverses cintrées, on les assemble avant de les pousser, puis on les profile par les bouts avec une pointe à tracer; on les désassemble ensuite, puis on les pousse à la main.

Les outils propres à pousser à la main sont les ciseaux, les fermoirs de toute grandeur, les fermoirs à nez rond, les gouges de toute espèce, les carrelets ou burins, les petites râpes, les scies à dégager, tant droites que coudées, et la peau de chien de mer.

Les fermoirs et les ciseaux dont il est ici question ne diffèrent des autres connus qu'en ce qu'ils sont plus petits, quelques uns n'ayant que 2 lignes de large.

Le fermoir à nez rond est d'une forme biaise par son extrémité ; il est très commode pour ragréer les moulures et pour fouiller et vider les angles.

Les gouges sont des espèces de fermoirs creux, lesquels servent à creuser et à arrondir les moulures ; il y a des gouges de toute grosseur, depuis une ligne jusqu'à 2 pouces de large ; il y en a de coudées, les unes en dedans, les autres en dehors ; il y en a aussi de creuses et de plates, suivant les différens besoins.

Les carrelets ou burins sont de petits fermoirs reployés à angle droit et évidés dans le milieu : on s'en sert pour couper et évider les filets.

Les scies à dégager sont de petits outils de fer garnis d'un manche dont l'extrémité est reployée à angle droit et garnie de dents ; il y en a de différentes épaisseurs ; il y en a aussi de coudées qui font l'office du bec-d'âne dans les cintres.

Les scies à découper sont de petits morceaux de fer minces dentés par un bout, qui s'assemblent dans la tige d'un trusquin ordinaire, où elles sont arrêtées avec un coin ; ou elles s'assemblent dans une espèce de trusquin à verge dont la tête est percée d'une mortaise pour les recevoir. On peut, avec cet outil, découper les parties circulaires et lever le devant des filets et des baguettes, en y ajustant un fer de mouchette.

La peau de chien de mer, soit douce, soit rude, sert à polir les moulures.

On emploie aussi, pour pousser les moulures

cintrées, de petits outils nommés *sabots*, lesquels ne diffèrent des autres outils de moulures que parce qu'ils sont cintrés et beaucoup plus courts, n'ayant qu'un pouce de long de chaque côté du fer.

L'ouvrage étant prêt à cheviller, on le serre avec les sergens, afin d'en faire approcher les joints ; ensuite on perce avec un vilebrequin deux trous à chaque tenon qui doivent être près de l'arasement aux traverses du milieu ; et pour les traverses des bouts, le premier trou du côté de la moulure se perce proche de l'arasement, et l'autre au milieu du champ, pour que les deux trous ne rencontrent pas le fil du bois, ce qui l'exposerait à se fendre.

Quelquefois on colle les assemblages ; mais ce n'est que dans les très petits ouvrages.

Les chevilles doivent être de bois de fil et très sec ; on les fait rondes ou carrées, pas trop effilées, afin qu'elles serrent également. Il ne faut pas trop les enfoncer : on les coupe avec une scie à cheville, et on les replanit avec les rabots et le racloir.

Le vilebrequin est un outil de bois coudé en forme de demi-ovale. On place, à l'un des bouts, une poignée, laquelle a un tourillon qui passe au travers de la tête du vilebrequin où ce tourillon est retenu par un bouton. L'autre bout du tourillon est collé à la poignée. Un morceau de bois, qu'on appelle *la boîte*, entre dans un trou carré pratiqué à l'autre extrémité du vilebrequin : c'est dans cette boîte que doit s'assembler

ou emmancher les mèches de fer qui servent à
percer le bois.

Ces mèches varient de grosseur, de largeur
et longueur, et prennent différens noms suivant
l'emploi qu'on en veut faire. Il y a des mèches
à chevilles, des mèches à lumières, des mèches
à goujons, des mèches à vis, etc.

Chacune de ces mèches est garnie d'une boîte
que l'on arrête dans le vilebrequin par le moyen
d'une cheville ou d'une vis.

La scie à cheville est un morceau de fer plat
et recourbé, dont les deux côtés sont garnis de
dents qui n'ont point d'inclinaison, et dont la
voie est toute en dessus : cette scie est emmanchée.

DES ASSEMBLAGES.

L'art d'assembler est un des plus importans
de la menuiserie, soit relativement à la solidité,
soit encore par rapport à la beauté de l'ouvrage.

On assemble les bois de trois manières principales :

1°. A fils parallèles, comme, par exemple,
lorsqu'on réunit 2, 3... planches, pour en former une table, un panneau.

2°. A fils perpendiculaires, à angles droits.

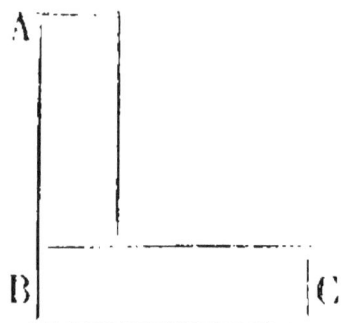

La pièce AB, qui entre par un bout dans la pièce BC, en offre un exemple.

3°. On assemble encore de façon que les surfaces des pièces que l'on a réunies forment des angles plus ou moins aigus, ou plus ou moins obtus.

On nomme différemment les assemblages, suivant la diversité de leur coupe ; ainsi on dit, assembler à *tenons* et à *mortaises*, en *enfourchement*, *carrement d'onglet*, à *bois de fil*, en *fausse coupe*.

Assemblages à tenons et à mortaises.

Les assemblages à tenons et à mortaises sont les plus usités.

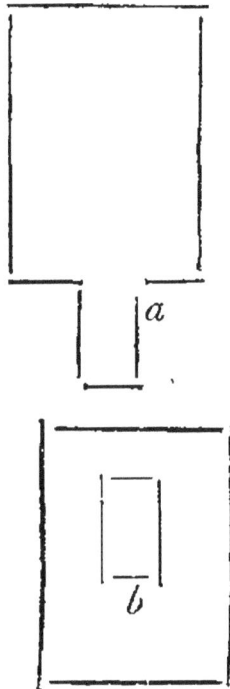

La figure ci-dessus représente les pièces de cet assemblage, *a* est le tenon qui doit être reçu dans la mortaise *b*.

Assemblages en enfourchement.

L'assemblage est dit en *enfourchement* lorsque la mortaise n'a point d'épaulement, et que le tenon peut en sortir, soit en le tirant suivant le fil du bois, soit en le poussant suivant la longueur de la mortaise.

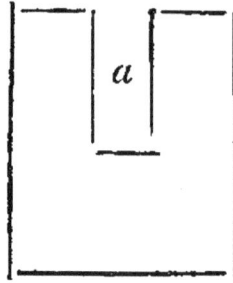

A, figure ci-dessus, représente une mortaise d'assemblage en enfourchement; c'est tout simplement une entaille pratiquée au bout d'une pièce de bois.

Assemblage d'onglet.

Lorsque deux pièces AB, AC (fig. 28), qui doivent concourir à former un angle, sont ornées de montures, on taille la partie ornée, suivant une ligne *ab*, de façon que cette ligne divise en deux parties égales l'angle que forment les directions des pièces AB, AC.

L'assemblage d'onglet n'empêche pas que la pièce AC, par exemple, ne porte un tenon qui est reçu dans une mortaise pratiquée dans la pièce AB.

Assemblage à bois de fil.

Lorsqu'on désire que l'assemblage ait toute la propreté dont il est susceptible, on prolonge la coupe d'onglet *ab* (fig. 29), dans toute la largeur de la pièce, et l'on réserve un tenon *t*, lequel est reçu dans une mortaise pratiquée dans une autre pièce taillée aussi d'onglet.

On assemble aussi à bois de fil par enfour-chement.

Assemblage en fausse coupe.

Lorsque deux pièces A, B (fig. 30) sont plus larges l'une que l'autre, et qu'on veut les assembler à bois de fil, on coupe d'onglet la largeur de la moulure *ab*, et l'on joint le sommet de l'angle *b* avec le sommet de l'angle *c*, que forment entre elles les faces extérieures des deux pièces.

Assemblage à queue d'aronde.

La fig. 31 représente un exemple de cette espèce d'assemblage; dans la pièce B sont pratiquées des entailles *a*, *b*..., dont la figure est un trapèze; la pièce A porte des espèces de tenons qui ont la forme de prismes dont la base est aussi un trapèze, lesquels tenons entrent juste dans les entailles *a*, *b*...

Il y a des asssmblages à queues *recouvertes*, ou queues *perdues*.

La figure 32 représente un assemblage de cette espèce; *a*, *b*, *c* sont des entailles pratiquées dans la pièce AB; mais elles ne sont pas à jour.

Dans ces entailles sont reçus les tenons *a*, *b*, *c*, qu'on a ménagés sur une autre pièce CD.

La partie *fg* de chacune des deux pièces est taillée en biseau, de façon que deux pièces A, B (fig. 33), assemblées suivant ce système, se réunissent à bois de fil, sur une ligne droite *ab*, sans aucune apparence d'entaille ni de tenon.

Assemblages de pièces à fils parallèles.

Pour réunir et fixer les unes à côté des autres un certain nombre de planches de madriers, afin d'obtenir des surfaces plus larges, on y parvient de diverses manières.

1°. A *pla'-joint*; cet assemblage, si toutefois c'en est un, consiste à dresser les bords des pièces, de les appliquer les unes contre les autres, et de les fixer dans cette position avec de la colle de traverse, arrêtées avec des chevilles, des clous, des vis-à-bois, des boulons, etc.

Lorsqu'on veut obtenir un assemblage à plat-joint qui soit solide (34), on pratique dans l'épaisseur des pièces AB, CD... que l'on veut réunir des mortaises *a*, *b*, *c*, *d*, dans lesquelles on fait entrer de force des espèces de tenons de rapport (X); on arrête ces tenons, appelés *clefs*, avec des chevilles.

2°. Assemblage à *rainures et languettes*; c'est un des plus communs; la figure 35 en montre le profil; *c* est celui d'une languette (baguette) ménagée; elle est reçue dans une rainure (canal), creusée au moyen d'un outil particulier, dans une autre pièce A; *a*, *b* sont les joues de la rainure.

Lorsque les pièces A, B (fig. 36) ont beaucoup d'épaisseur, on creuse une rainure dans l'une et l'autre ; ces pièces étant rapprochées, les deux rainures offrent une ouverture rectangulaire *cdfg*, dans laquelle on introduit de force une règle *a*, qui fait l'office d'une double languette.

3°. On peut assembler et retenir des pièces *côte à côte*, au moyen de clefs taillées en queue d'aronde.

Le fameux obélisque de Luxor, qu'on va ériger sur le milieu de la place Louis XV, se trouvant fendu vers la base, les ingénieurs Thibaut le consolidèrent au moyen de clefs en bois, *ab*, *cd* (fig. 37), taillées en queue d'aronde. Fontana et d'autres ingénieurs italiens restaurèrent des obélisques brisés, en fixant les tronçons au moyen de clefs taillées en queue d'aronde.

Il est inutile de faire observer que des assemblages de cette espèce ne sont praticables que sur les bouts des pièces ; néanmoins, il serait possible de creuser des rainures dont l'entrée serait plus étroite que le fond et dans lesquelles serait reçue une languette taillée en queue d'aronde ; en cela, la languette serait introduite, par un de ses bouts, dans la rainure.

Manière d'alonger les bois.

Lorsque les bois sont trop courts ou qu'ils sont destinés à former des cercles, des arcs, etc., on est obligé de les assembler bout à bout; voici quels sont généralement les moyens qu'on emploie pour atteindre le but.

1°. Assemblage à *mi-bois*; il est représenté figure 38 : *a*, *b* sont deux sortes de tenons que l'on fixe l'un sur l'autre, au moyen de chevilles, de clous de vis.... Cet assemblage est fort simple, mais peu solide.

2°. Assemblage en *enfourchement*; il ne diffère point de celui qui est décrit ci-devant, (page), sinon que les directions des pièces ne forment pas d'angles entre elles Cet assemblage se fixe encore avec des chevilles.

3°. Assemblage avec *encoche*; deux pièces A, B (fig. 39) sont assemblées de cette manière ; on voit qu'elles sont taillées en biseau, et qu'on a réservé sur chaque coupe deux saillies angulaires *a*, *b*, qui s'accrochent réciproquement.

Cet assemblage, plus solide que les précédens, se fixe avec des chevilles, etc.

4°. Assemblage à entailles *rectangulaires*.

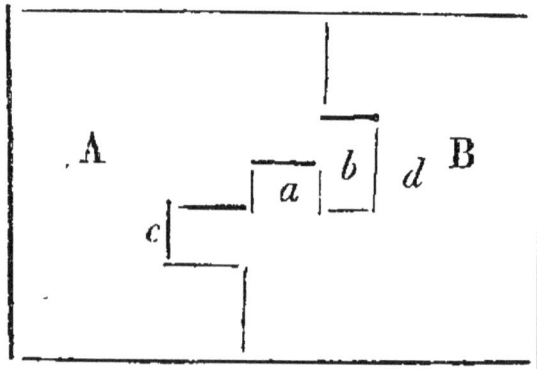

L'inspection de la figure ci-dessus suffit pour

le faire concevoir; on voit que chacune des pièces A, B a été taillée de façon que chacune d'elles porte un mentonnet, lesquels mentonnets *a*, *b* s'accrochent réciproquement.

On voit encore que les bouts *c*, *d* des pièces sont logés dans des entailles qui ne permettent pas aux pièces de s'écarter l'une de l'autre; dans cet assemblage, les pièces s'emmanchent par le côté; on les retient en place par des chevilles, etc.

5°. Assemblage bout à bout en queue *d'aronde*; il est représenté figure 40; il suffit d'un coup d'œil pour comprendre tout de suite comment les bouts des pièces A, B, étant emmanchés de côté, ne peuvent pas s'écarter l'un de l'autre.

Quelquefois on taille les queues d'aronde à mi-bois, qu'elles soient *recouvertes* ou *perdues*. (Voir ci-dessus.)

Généralement parlant, un assemblage bout à bout, taillé en queue d'aronde, ne présente pas une grande solidité; si les pièces sont exposées à subir une forte traction, les queues d'aronde agissant à la manière de coins peuvent les faire fendre.

Assemblage à trait de Jupiter.

L'assemblage qu'on appelle de ce nom, à cause, sans doute, de quelque ressemblance qu'on lui suppose avec les figures par lesquelles

les artistes ont coutume de représenter la foudre, cet assemblage, disons-nous, est le plus ingénieux et le plus solide de tous ceux qu'on a imaginés pour fixer, bout à bout, des pièces de bois.

Il y a plusieurs sortes de coupes en *trait de Jupiter*.

1°. Celle qui est représentée figure 116; on voit que les bouts de deux pièces A, B sont taillés en biseaux *ab*, *df*, que ces biseaux sont reçus dans des angles *cbt*, *edf*; qu'enfin deux mentonnets *t*, *v* laissent entre eux une ouverture quadrangulaire, dans laquelle on introduit de force un coin *c*.

Il est évident que le coin *c*, tendant à écarter l'une de l'autre les mentonnets *t*, *v*, oblige les biseaux *ab*, *df* à remplir avec toute l'exactitude possible les entailles *abt*, *fdv*.

Cette manière d'assembler en trait de Jupiter est la plus simple et la meilleure.

2°. En voici une autre qui peut avoir quelque utilité dans certaines circonstances.

Deux pièces A, B (fig. 117) sont taillées de façon que leurs bouts, etc., présentent des faces rectangulaires.

On voit que l'ouverture destinée à recevoir le coin *c* est formée de deux coches pratiquées dans l'une et l'autre pièce. Pour que le coin produise l'effet qu'on désire, il est nécessaire qu'il y ait derrière lui un vide *c* dans la pièce B, et un vide semblable *d* dans la pièce A.

Dans cet assemblage, le coin, ne forçant que

par la moitié de ces deux faces opposées, est susceptible de tourner sur lui-même, à moins qu'il n'ait beaucoup de largeur relativement à son épaisseur.

3°. Afin que l'assemblage en trait de Jupiter ait toute la solidité dont il est susceptible, il faut ménager, au bout de chacune des pièces, un petit tenon *t* (fig. 118), lequel étant reçu dans une entaille *a* pratiquée dans l'autre pièce, l'assemblage ne pourra se déranger en aucune façon dès qu'on aura enfoncé le coin avec force.

DES MATÉRIAUX EMPLOYÉS PAR LES MENUISIERS.

Les travaux des menuisiers ne s'exercent le plus souvent que sur des bois durs, tendres, suivant les pays. Pour ce qui est des métaux qu'ils emploient, ils les achètent tout confectionnés chez les quincailliers, les serruriers, etc.

Les bois proviennent, comme on sait, de troncs d'arbres, lesquels se composent d'une suite de couches *annulaires* concentriques (qui ont, toutes, leurs centres au même point), séparées par d'autres couches intermédiaires qu'on appelle *médullaires*. à cause qu'elles ont quelques rapports avec la nature de la moelle; il se forme une couche annulaire tous les ans tant que l'arbre est en croissance.

Outre les couches annulaires et médullaires, on distingue encore, dans le bout d'un tronc de bois coupé proprement, des lames ligneuses dont les profils présentent la figure d'une étoile à un grand nombre de rayons, telle que celle-ci (*).

De la connaissance de la manière dont les bois sont composés, on tire la conséquence qu'il n'est pas indifférent de diviser un tronc d'une certaine manière plutôt que de telle autre ; car, les bois, étant naturellement imbibés de matières liquides ou fluides, diminuent de volume et se déforment plus ou moins en séchant, suivant le principe de leur composition naturelle, c'est à dire qu'un tronc de bois diminue de diamètre par l'effet de la contraction des couches annulaires ; de sorte qu'un arbre divisé par le milieu fournira deux pièces qui seront plus susceptibles de se fendre du côté de la surface plane, que si le même arbre avait été divisé par des coupes dont les profils auraient présenté une étoile dont les rayons eussent concouru au centre du tronc.

Les bois, en séchant, ne diminuent presque point de longueur.

On rend les bois plus durs en les imbibant de matières grasses, huileuses, ce à quoi l'on parvient en les exposant à une chaleur modérée après les avoir enduits à satiété de ces matières.

Des bois de menuiserie.

Les bois que les menuisiers emploient ordinairement pour leurs ouvrages sont le chêne tendre et dur, le châtaignier, le sapin et le tilleul.

L'orme sert aussi au menuisier en voitures pour faire ses bâtis, et le noyer pour construire les panneaux.

Le noyer et le hêtre sont principalement employés par le menuisier en meubles.

Dans la menuiserie ordinaire on fait usage, comme on vient de le dire, du chêne dur, qui se nomme *bois français* ou de *pays*, que l'on tire du Bourbonnais ou de la Champagne.

Le chêne du Bourbonnais est dur, noueux, et étant flotté, il est souvent rempli de graviers; sa couleur est d'un gris pâle; il est difficile à travailler : on l'emploie à des ouvrages grossiers et solides, mais jamais à faire des panneaux, parce que, débité en feuilles minces, il serait sujet à se fendre et à se coffiner.

Le chêne de la Champagne, moins dur et moins défectueux que celui du Bourbonnais, est d'une couleur jaunâtre : lorsqu'il est refendu en planches minces ou voliges, et qu'il est bien sec, on peut l'employer à faire des panneaux.

Le chêne de Lorraine ou des Vosges est droit, égal et assez tendre; on le refend dans les moulins et on ne le flotte pas. Il est d'un jaune clair parsemé de petites taches rouges, et presque sans nœuds; son grain est large et poreux. Cette espèce de bois est très propre pour les ouvrages de dedans, comme lambris, alcoves, armoires, buffets, etc.

Le chêne de Fontainebleau se travaille aisément et reçoit bien le poli; il est bon pour l'assemblage et pour les moulures; sa couleur est à

peu près la même, mais plus foncée que celle
du bois des Vosges. Son défaut est d'être sujet à
se fendre ; c'est pourquoi on l'emploie de préfé-
rence pour les bâtis, et rarement pour les panneaux ; il est aussi très sujet à une espèce de
ver qui y fait des trous assez larges et longs de
5 à 6 pouces, qu'on ne découvre souvent qu'a-
près le travail presque achevé.

Le chêne du nord, qui est fabriqué et refendu
au moulin, en Hollande, par planches de 6
à 9 lignes d'épaisseur, est recherché pour faire
des panneaux. Son grain est serré ; sa couleur
est d'un jaune de paille tirant quelquefois sur
le brun.

Le chêne appelé *merrain*, *créson* ou *courson*,
qui n'est pas fendu à la scie, mais au coutre,
sert principalement pour faire des panneaux de
parquet.

Le châtaignier serait propre à la menuiserie
s'il n'était pas si rare. Sa couleur est d'un jaune
clair ; ses fils sont droits et parallèles ; on pré-
tend qu'il n'est pas sujet aux vers.

Il y a deux sortes de noyers, le blanc et le
noir. Le noyer blanc ou noyer femelle est moins
estimé que le noir ; on l'emploie à des ouvrages
d'assemblage, parce qu'il est de fil et d'un travail facile.

Le noyer noir est ferme et plein, quelquefois
même très dur ; il est peu de fil, d'une couleur
grisâtre avec des taches ou veines tirant sur le
noir.

L'orme est liant ; son grain est serré et veiné,

sa couleur rougeâtre ou d'un jaune tirant sur le vert : il a peu d'aubier, encore est-il dur et d'un bon emploi ; il est assez de fil quand on le prend d'une largeur médiocre.

Le hêtre est plein et d'un grain serré et de fil ; sa couleur est d'un blanc roussâtre ; il a très peu d'aubier, mais il est sujet à être piqué de vers et à se tourmenter ; on ne l'emploie guère que dans le meuble.

Le sapin est léger, tendre et de fil ; sa couleur est blanchâtre avec de petites veines vertes qui deviennent jaunes en séchant. Les défauts de ce bois sont d'être d'une dureté inégale, d'être sujet aux vers et à s'échauffer : on l'emploie ordinairement à de légers ouvrages, comme tablettes, cloisons, petites portes.

Le tilleul est plus uni et plus plein que le sapin ; il est employé à des ouvrages de sculpture.

Le peuplier est un bois mou, difficile à travailler et de peu d'usage dans la menuiserie.

Coupe des bois.

Le temps le plus propre à la coupe des bois commence en octobre et finit en février.

Vitruve propose d'entailler les arbres par le bas quelque temps avant de les abattre, afin de livrer passage à la sève qui, entrant en fermentation lorsqu'ils sont employés trop tôt, hâte la corruption du bois.

Buffon a proposé un moyen qui produit le même effet que celui de Vitruve et qui n'a pas ses inconvéniens; c'est d'écorcer l'arbre sur pied; ce moyen augmente beaucoup la densité du bois et fait prendre à l'aubier une consistance presque égale à celle du cœur.

Il résulte des expériences de M. de Buffon que le temps le plus propre à écorcer les arbres que l'on destine à la charpente, à la menuiserie, etc., est au mois de mai, lorsque la sève est dans toute sa force, pour les abattre à la fin d'octobre.

Le procédé de Buffon comme celui de Vitruve a l'inconvénient de faire périr la souche.

Voici ce qu'on lit à ce propos dans l'*Art de bâtir* de M. Rondelet :

« J'ai vu pratiquer, par un riche propriétaire fort instruit, une manière d'abattre les arbres, qui avait de grands avantages sans inconvéniens.

» Il faisait couper les arbres propres pour la charpente à l'ordinaire, et après les avoir fait équarrir encore frais, il les plaçait debout sous des hangars disposés de manière à les tenir isolés les uns des autres par le moyen de fortes traverses contre lesquelles ils étaient appuyés.

» Par cette disposition verticale, les sucs dont les bois fraîchement abattus étaient pénétrés s'écoulaient sans occasioner aucune fente ni gerçure, et au bout d'une année ils avaient acquis le degré de sécheresse convenable pour être employés à la charpente Après avoir fait un choix de ceux propres à la menuiserie, on les faisait débiter et arranger de même pour être vendus ou employés l'année suivante. »

TABLE *contenant les hauteurs moyennes aux-*
quelles peuvent s'élever plusieurs espèces d'ar-
bres ; les longueurs moyennes de leur tronc
et leur diamètre.

NOMS DES ARBRES.	HAUT. MOY. EN MÈTRES		DIAM. en centim.
	des arbr.	du tronc.	
Abricotier................	9	4	27
Acacia...................	12	6	49
Alizier..................	24	12	72
Amandier................	12	7	36
Aulne commun............	25	14	75
Bois de Sainte-Lucie.....	9	5	27
Bouleau commun..........	27	15	81
Bouleau blanc...........	24	13	72
Catalpa.................	14	8	42
Cèdre du Liban	30	16	100
Charme.................	18	10	54
Châtaignier.............	24	14	72
Chêne commun...........	27	14	81
Chêne blanc du Canada....	30	18	90
Chêne de Bourgogne.	25	14	75
Chêne rouge de Virginie....	27	15	81
Chêne vert..............	21	12	63
Cormier................	15	8	45
Cyprès pyramidal........	24	12	72
Cyprès étalé............	20	11	60
Ebénier des Alpes........	10	6	30
Erable de Virginie	24	12	72
Erable jaspé............	12	7	36 ·
Faux acacia............	20	10	50
Février sans épine........	18	9	54
Frêne..................	20	12	60
Hêtre..................	24	14	72
If.....................	9	5	27

Pesanteur spécifique de quelques bois.

Les physiciens, les naturalistes, etc., sont convenus de rapporter le poids des substances solides et liquides à celui de l'eau distillée. Voici de quelle manière :

Ils prennent une certaine quantité d'eau, un décimètre cube, par exemple, ou un litre, dont ils divisent le poids en 1,000 parties égales; ils prennent ensuite un décimètre cube de la substance dont ils veulent comparer le poids à celui de l'eau, ou dont ils veulent connaître le *poids spécifique*; ainsi, par exemple, si c'est un décimètre cube de bois d'abricotier, et que l'on ait trouvé qu'il pèse 789 grammes ou 789 unités de poids dont 1,000 exprime celui d'un décimètre cube d'eau, ils en concluent que le poids spécifique de l'abricotier à celui d'un pareil volume d'eau est comme 789 sont à 1,000, ou, ce qui est la même chose, qu'un volume quelconque de bois d'abricotier pèse les 789/1,000 ou les 0,789 d'un égal volume d'eau.

L'usage de la table suivante est facile à comprendre; si l'on admet, ce qui ne présente aucun inconvénient, que l'unité de volume d'eau est un décimètre cube de ce liquide, dont le poids est de 1,000 grammes, les nombres de la table exprimeront en grammes le poids d'un décimètre cube de bois; le nombre 1,102, qui répond au bois d'amandier, nous indique que ce bois est plus lourd que l'eau à volume égal, puisqu'il pèse 102 grammes de plus par décimètre cube.

Si l'unité de volume d'eau était le stère ou le mètre cube dont le poids est de 1,000 kilogrammes, les nombres de la table exprimeraient des kilogrammes.

Ces observations bien entendues, on résoudra facilement des problèmes tels que le suivant :

Un cheval tire 8,000 kilogrammes de charge ; combien menerait-il de stères de bois de hêtre ?

Consultez la table, vous y verrez que le poids spécifique du hêtre, ou que le poids d'un stère de ce bois est 720 kilogrammes. Divisez 8,000 kilogrammes, charge de la voiture, par 720, le quotient 11,111 exprimera la quantité de stères de bois de hêtre que le cheval pourra traîner, ou 11 stères 111 millistères.

Autre exemple :

Combien pèsent 17 stères 27 centistères de bois de chêne ?

La table indique 905 kilogrammes ; multipliez ce nombre par 17,27, le produit exprimera 15,629,35 kilogrammes.

TABLE des pesanteurs spécifiques de quelques bois.

Abricotier.	789	Cormier.	911
Acacia.	676	Cyprès pyramidal	655
Alizier.	879	Cyprès étalé.	572
Allier.	739	Ebénier.	1,054
Amandier.	1,102	Erable de Virginie	629
Arbre de Judée.	686	Erable jaspé.	554
Aulne.	655	Faux acacia.	791
Bois de Ste-Lucie.	865	Févier sans épine.	780
Bouleau	702	Frène.	787
Bouleau blanc.	570	Hetre.	720
Boulinet.	784	If.	778
Buis de Mahon.	919	Marronnier.	506
Catalpa.	467	Noyer.	619
Cèdre du Liban.	603	Orme.	724
Cerisier.	741	Peuplier.	550
Charme.	760	Peuplier d'Italie.	360
Châtaignier.	585	Pin.	534
Chêne	905	Platane.	736
Chêne blanc.	842	Sapin.	463
Chêne de Bourgogne.	764	Sorbier des oiseleurs	669
Chêne de Virginie	587	Tilleul.	687
Chêne vert.	994		

Force des bois.

La force des bois est très variable et diffère beaucoup, non seulement entre des bois de différente espèce, mais encore entre des pièces de bois de même espèce; il est même vrai de dire qu'il n'existe pas dans la nature deux solives de même bois et ayant mêmes dimensions, qui aient des forces égales.

Les bois employés dans les constructions agissent de deux manières, qui sont leur force absolue et leur force relative.

Le bois est dit agir par sa force absolue lorsqu'il résiste à l'effort qu'il faut employer pour le rompre en le tirant par les deux bouts comme on tirerait une corde.

La force relative du bois dépend de sa position; en effet, une pièce de bois, posée horizontalement sur deux appuis placés au dessous de ses extrémités, rompt plus facilement sous un moindre effort que si elle était inclinée ou tout à fait debout.

Plus la pièce est longue, plus sa force relative est faible.

Il n'en est pas ainsi de sa force absolue; il est prouvé par expérience qu'il faut un effort égal pour rompre deux morceaux de bois de même nature et de même grosseur, quoique l'un soit plus long que l'autre.

Force absolue du bois de chêne.

M. Rondelet a conclu, de quatre expériences faites avec des tringles de chêne, que la force absolue de cette sorte de bois est de 102 livres par ligne superficielle de sa grosseur, ou, pour parler plus exactement,

Qu'un prisme de chêne que l'on tire par les deux bouts demande, avant de rompre, un effort équivalent à 102 livres par chaque ligne carrée contenue dans sa base.

Supposons que la base de ce prisme est un rectangle de 2 pouces de large sur 5 pouces de long; pour connaître le nombre de lignes carrées qu'elle contient, on convertira les pouces en lignes, et l'on multipliera 24 par 60; le produit 1,440 exprimera des lignes carrées. En multipliant ce nombre par 102, on aura 146,880 : c'est le nombre de livres équivalent à l'effort nécessaire pour rompre en tirant le prisme de chêne.

De la force des bois posés debout.

Si le bois n'était pas flexible, une pièce posé bien d'à-plomb soutiendrait une même charge, quelle que fût sa hauteur; mais l'expérience démontre que, dès qu'un poteau a plus de sept à huit fois le diamètre de sa base, il plie sous la charge avant de s'écraser et de se refouler.

Lorsque la pièce est trop courte pour plier , la force qu'il faut employer pour l'écraser ou la faire refouler est de 40 à 48 livres par ligne carrée de sa base si cette pièce est en chêne ; si elle est en sapin , l'effort va de 48 à 56 livres.

Des cubes de chêne et de sapin posés de façon que leurs fibres suivaient la direction du fil-à-plomb ont diminué de hauteur en se refoulant sans se désunir , ceux en chêne de plus d'un tiers et ceux en sapin de moitié.

La table suivante indique la progression suivant laquelle la force du bois diminue à mesure que sa hauteur augmente.

Pour un cube dont la haut. est	1	la force est	1.
Pour une pièce. . *id.* . . .	12		5/6.
Idem. . . . . . *id.* . . .	24		1/2.
Idem. . . . . . *id.* . . .	36		1/3.
Idem. . . . . . *id.* . . .	48		1/6.
Idem. . . . . . *id.* . . .	68		1/12.
Idem. . . . . . *id.* . . .	72		1/24.

Ainsi, pour un cube de chêne d'un pouce cube dont la direction des fibres est verticale , la force moyenne sera exprimée par 144 (nombre de lignes carrées contenues dans sa base), multiplié par 44, effort que le tube de chêne soutient par ligne carrée , ce qui donne 6,336 pour la force moyenne.

Force des bois couchés.

Toutes les expériences faites sur les bois posés horizontalement sur deux appuis prouvent qu'à grosseur égale leur force diminue en raison de leur longueur comprise entre les appuis.

Dans les bois qui ont même longueur entre les appuis, la force est en raison de leur largeur et du carré de leur hauteur ou épaisseur.

Supposons deux poutres de même longueur, que la première ait 23 centimètres de large et 30 centimètres d'épais, et la seconde 23 centimètres de large sur 40 d'épais, et que ces deux pièces posent sur le côté le plus étroit, celui de 23 centimètres; pour avoir le rapport de leurs forces, il faudra carrer (41) 30 et 40, et divisant le produit 10,690,010 par 1,000, comme il est prescrit par la règle des proportions (arithmétique), le quotient 10,690 exprimera, à très peu de chose près, la plus grande force horizontale de la pièce de sapin.

Usage de la table précédente.

Si, par exemple, on veut connaître la force horizontale d'une pièce de sapin longue de 18 pieds, large de 8 pouces sur 6 d'épais, sachant qu'une pareille solive en chêne, posée horizontalement, supporte 11,645 unités de poids, avant de rompre, on cherchera, dans la table ci-dessus, les nombres qui représentent les forces horizontales du chêne et du sapin. Ces nombres sont 1,000 et 918; on établira donc cette proportion,

$$1,000 : 918 :: 11,645 : x \text{ (nombre inconnu)}.$$

Multipliant 917 par 11,645, nombres qui expriment leur épaisseur, ou multipliant 30 par 30 et 40 par 40, les produits 900 et 1,600 indiquent que si la première des deux poutres résiste à un effort exprimé par 900, celui qu'il faudrait employer pour rompre la seconde équivaudrait à 1,600.

Si les deux poutres avaient même épaisseur et des largeurs différentes, leurs forces seraient entre elles comme les largeurs.

RÈGLE GÉNÉRALE. Pour connaître le rapport de la force absolue d'une pièce de bois de chêne, par exemple, à celle qu'elle a étant posée horizontalement sur deux appuis, calculez la surface de la base du prisme qui représente la pièce; multipliez le résultat par la moitié de sa force absolue, et divisez le produit par le nombre de fois que son épaisseur verticale est contenue dans la longueur comprise entre les appuis.

TABLE contenant les forces absolues et primitives de différens bois, comparées à celles du chêne dont la force absolue est représentée par 1000.

NOMS DES BOIS.	FORCE horizont.	FORCE verticale.	FORCE absolue.
Acacia.	789	1,228	1,560
Alizier.	1,142	1,468	2,104
Bouleau. . . .	853	861	1,980
Cèdre.	627	720	1,740
Charme. . . .	1,034	1,022	2,189
Châtaignier. .	957	930	. . .
Chêne.	1,000	807	1,871
Frène.	1,072	1,112	1,800
Hêtre.	1,032	986	2,480
Marronnier. .	931	699	1,231
Mûrier	981	1,031	1,050
Noyer.	900	753	1,120
Orme.	1,077	1,075	1,980
Peuplier . . .	586	580	940
Pin.	882	894	1,041
Sapin.	918	851	1,250
Saule.	850	807	1,880
Sorbier. . . .	965	981	1,642
Tilleul	750	717	1,407
Tremble . . .	624	717	1,295

Bois d'échantillon.

Les bois d'échantillon pour la menuiserie sont sciés et débités dans les forêts, en grosseurs et longueurs convenables.

Ceux pour servir à faire des battans de portes cochères ont ordinairement 12, 15 et 18 pieds de longueur sur un pied ou 15 pouces de largeur, et sur 4 à 5 pouces d'épaisseur ; ils doivent être d'un bois dur, qui ne soit noueux ni fendu.

Les membrures sont de 6, 9, 12 et 15 pieds de longueur sur 6 pouces de largeur et 3 pouces d'épaisseur.

Les chevrons portent à peu près la même largeur que les membrures, sur 3 à 4 pouces carrés d'épaisseur et de largeur.

Les planches ont 6, 9, 12, 15, jusqu'à 18 pieds de longueur, sur un pouce, 15 et 18 lignes, jusqu'à un pouce 9 lignes et 2 pouces d'épaisseur, et depuis 9 pouces jusqu'à un pied de largeur.

Le bois français, nommé *entrevous*, a 9 à 10 lignes d'épaisseur sur 6, 7 à 9 pieds de longueur.

Quant au bois des Vosges, il y en a de toutes les longueurs et épaisseurs spécifiées ci-dessus ; il y en a aussi de 3 pouces d'épaisseur sur 12 pieds de long ; et pour la largeur, il y en à depuis 6 ou 7 pouces jusqu'à 18, 20, 26 et même 30 pouces.

Le bois de Hollande a de longueur 6, 7, 9 ou 12 pieds, sur 6 ou 9 lignes d'épaisseur.

Le plus épais de ce bois se nomme trois-quarts, parce qu'il doit avoir aux environs de 9 lignes d'épaisseur : le plus mince se nomme *feuillet*, et n'a que 5 à 5 lignes d'épaisseur.

Le sapin n'est pas assujetti aux mêmes règles de grosseur, du moins pour celui qu'on emploie en menuiserie de bâtimens.

Celui d'Auvergne porte ordinairement 12 pieds de long sur 14 à 15 pieds d'épaisseur, et depuis 10 jusqu'à 14 à quinze pouces de largeur.

Celui de Lorraine a 11 pieds de longueur, au plus, sur 10 à 12 lignes d'épaisseur, et la largeur est à peu près de même que l'autre.

Le feuillet de Lorraine a quelquefois la même longueur que les planches, et depuis 6 jusqu'à 8 lignes d'épaisseur.

Le noyer et l'orme ne sont pas sciés en planches; les menuisiers en carrosse font débiter ces bois suivant leurs besoins. L'orme est communément par tables de 5 pouces d'épaisseur, et le noyer par tables de 3 pouces.

Le hêtre est ordinairement débité par planches de 15 à 13 lignes, et même de 2 pouces d'épaisseur sur 7, 9 et 12 pieds de longueur.

Le hêtre sert aussi à faire des établis de menuisiers, des tables de cuisine, des étaux de bouchers. Ces tables portent de longueur depuis 7 jusqu'à 12 et 15 pieds, sur 18 à 30 pouces de largeur, et 5 à 6 d'épaisseur.

Le bois de menuiserie devant être employé très sec, il est bon que les menuisiers soient approvisionnés de bois de tout échantillon, et conservés en piles dans des chantiers qui ne soient pas exposés à l'humidité.

Du débit de bois.

On débite les bois de menuiserie sur le champ ou sur le plat.

Le bois débité sur le champ est celui refendu par des traits de scie en une ou plusieurs feuilles, suivant l'épaisseur de la planche; il sert à faire des panneaux et autres ouvrages de peu d'é-paisseur.

Les planches qu'on fait refendre sur le champ doivent être droites, sans fentes et sans nœuds ni gales; on choisit aussi celles qui sont d'une belle couleur, ce qu'on reconnaît en fondant le bois, ce qui se fait en découvrant avec la demi-varlope un peu de la superficie.

On préfère encore celles qui sont sur la maille du bois, c'est à dire celles dont la surface est parallèle aux rayons qui s'étendent du centre à la circonférence, parce que le bois, en ce sens, est moins sujet à se tourmenter. Cependant le bois sur la maille se polit plus difficilement, parce que les rayons de l'arbre sont alors coupés sur leur épaisseur; mais le bois ainsi travaillé produit un bel effet dans les ouvrages qui ne sont que vernis.

Les bons menuisiers ont soin d'avoir des bois refendus sur le champ, de toutes les épaisseurs convenables, soit pour le besoin, soit pour qu'ils soient bien secs.

Le bois débité sur le plat est celui qu'on fait refendre sur sa largeur, pour la diviser en battans, en montans, en traverses et autres pièces de menuiserie.

On a soin de débiter les bois de 3 lignes plus larges qu'il ne faut, parce que le trait de la scie en emporte 2 lignes au moins.

Il faut établir les bois avant de les débiter, c'est à dire qu'on doit les marquer de certains signes convenus pour en indiquer l'emploi et les côtés où se font les assemblages, et ceux où se poussent les moulures.

Le côté le plus tendre du bois sera réservé pour la moulure, en observant que le bois se trouve de fil en le poussant.

Le débitage du bois courbe demande surtout beaucoup d'attention. Il y a deux sortes de courbes, les unes sont pour les ouvrages cintrés sur l'élévation, et les autres pour ceux cintrés sur le plan.

Les courbes sur l'élévation se prennent dans des planches de largeur convenable, que l'on chantourne selon les différens cintres que l'on veut faire. Lorsque les cintres sont tracés en dessus et en dessous, et que la retombée demande trop de largeur, on commence par l'évider, puis on colle dessus la levée qui en sort; cette levée, qui se nomme *veau*, est très solide, et épargne beaucoup de bois.

Pour les courbes en plan, on commence par faire des calibres, qui sont des morceaux de bois minces chantournés, conformément au plan, et qui servent de règles pour débiter le bois. On tâche de prendre les courbes les unes dans les autres, autant qu'il est possible, ou bien en se chevauchant.

Des scieurs de long.

Lorsque le bois est débité, on fait venir les scieurs de long pour le refendre. Ces scieurs sont toujours deux ensemble et sont fournis de scies de toute espèce. Les menuisiers leur prêtent deux tréteaux et deux fortes pièces de bois qu'on nomme *coulottes*, pour porter le bois qu'ils ont à refendre.

Les tréteaux doivent avoir 4 pieds de large sur 5 à 5 pieds et demi de haut. Leur tête a environ 4 pouces d'épaisseur sur 6 pouces de largeur; les pieds ont 3 pouces carrés avec une traverse par le bas : de dessus et au milieu de cette traverse s'élèvent deux autres pièces de bois, lesquelles viennent butter contre la tête du tréteau , à environ 4 pouces du milieu de chaque côté. Entre ces deux montans, et à un pied de dessous la tête du tréteau , il y a une traverse, laquelle sert à les retenir.

Dessus et au milieu de chaque tréteau , est une pièce de bois d'environ 18 pouces de long sur 2 à 3 pouces d'épaisseur; ces deux pièces portent les bouts des coulottes , lesquelles ont 12 à 15 pieds de longueur, sur 3 pouces d'épaisseur et 5 à 6 de largeur.

Sur les coulottes , du côté de la tête , est un bout de planche de 2 à 3 pieds de longueur, qui est retenu sur les coulottes par une forte corde. Cette planche sert à porter le scieur de long lorsqu'on change la planche à refendre, ou que le trait est au bout. Il y a un pouce et demi de jour entre les coulottes , pour laisser du passage à la scie.

Les coulottes ainsi disposées servent à refendre le bois sur le plat.

Pour les bois sur le champ, on retourne les coulottes et on les met sur leur largeur, en les espaçant de manière que le bois qu'on doit refendre soit pris juste entre elles On fait porter le bout des planches sur le tréteau, où on les attache avec la corde, de sorte que les planches à refendre, les deux coulottes et le tréteau tiennent ensemble. L'autre bout des planches est porté par un morceau de bois, lequel est de la hauteur des tréteaux , et que l'on change selon que la scie avance.

La scie ordinaire des scieurs de long est composée d'un châssis de 26 pouces de largeur entre les montans, et de 4 pieds 8 pouces de haut entre les traverses ou sommiers. Il y a encore des scies dont la monture a 3 pieds de largeur et plus, lorsque le bois qui est à refendre est très large.

Ce châssis est pour l'ordinaire en sapin ; les montans ont 2 pouces de large sur un pouce et demi d'épaisseur, et sont assemblés à goujon dans les sommiers qu'ils traversent. Ces sommiers ont 3 pouces à 3 pouces et demi de largeur par les bouts, et 4 pouces à pouces et demi dans le milieu. Ils sont courbes en dehors pour avoir plus de force. Ils ont 2 pouces d'épaisseur, et débordent deux montans de 3 pouces de chaque côté.

Un petit châssis, nommé *renard*, est assemblé en retour d'équerre dans le sommier d'en bas ; ce petit châssis est saillant du sommier d'environ 4 pouces, et a environ 20 pouces de long. Le renard sert à tenir la scie par le bas.

Il y a un autre châssis nommé *chevrette*, qui s'assemble sur le sommier au haut de la scie, et dont il est distant de 12 à 13 pouces. Les deux montans de la chevrette sont inclinés en dedans, et s'assemblent dans une petite traverse arrondie, qui a environ 15 pouces de long, et qui les excède de 3 ou 4 pouces, afin de donner au scieur de long la liberté de relever et baisser la scie.

Le fer de la scie est une lame de fer plate d'environ une ligne et demie d'épaisseur, sur 3 pouces de largeur par les bouts, et 4 pouces au milieu. Ses deux bouts sont arrêtés par des espèces d'anneaux de fer que l'on nomme *équiers*, dans lesquels passent les sommiers, et qui saillent en dedans et en dehors du châssis, tant pour recevoir la scie qui est arrêtée par deux goupilles de fer, que pour faire place à un coin de bois que l'on met entre le sommier et l'équerre, afin de faire roidir la scie.

Les dents de la scie sont faites en forme de crémaillère et à angles arrondis. Elles sont à un pouce de distance l'une de l'autre, et ont 3 à 4 lignes de profondeur. On les lime de biais à contre sens l'une de l'autre, dans la partie creuse de la dent; car, pour le bas, il doit être toujours à angle droit ou d'équerre avec la scie.

Pour les ouvrages cintrés, les scieurs de long se servent de scies nommées *raquettes*, qui ne diffèrent des autres qu'en ce que leur lame n'a qu'un pouce ou 15 lignes de largeur au plus, afin de pouvoir tourner avec plus de facilité.

Le moyen de donner de la voie ou du passage à une scie, c'est d'en écarter les dents en dehors de leur épaisseur, les unes à droite et les autres à gauche; mais il faut faire attention que la voie donnée à une scie ne doit pas surpasser ni même égaler la moitié de son épaisseur, parce qu'alors la scie serait deux traits, et ne pourrait plus aller.

La lime qui sert aux scieurs de long pour affûter leur scie est d'une forme ovale, de la longueur d'environ 9 à 10 pouces, et de 10 lignes de largeur. Cette lime a un manche de bois, à l'extrémité duquel est un morceau de fer plat, d'une forme ronde, d'environ un pouce ou 15 lignes de diamètre, dans lequel sont trois entailles qui sont de différentes grandeurs et qui servent à donner de la voie à la scie.

Les scieurs de long liment leur scie en la tenant couchée sur le champ et appuyée contre leurs genoux.

Des deux scieurs de long en exercice, l'un est en bas au dessous des coulottes, et va toujours en avançant; l'autre est monté dessus le bois à refendre, et va toujours à reculons, en sorte qu'ils sont tournés vis à vis l'un de l'autre.

Quand ils refendent du bois sur le champ, et qu'il y en a de refendu à une certaine longueur, ils y mettent un coin de bois qu'ils nomment *bondien*, lequel sert à faciliter le passage de la scie, en ouvrant un peu le bois; ils enfoncent ce coin avec un autre morceau de bois mince, à mesure qu'ils avancent.

11

DE LA MENUISERIE MOBILE.

Des croisées.

On donne le nom de *croisées* ou de baies à des ouvertures pratiquées dans les murs d'un bâtiment pour procurer du jour et de l'air dans l'intérieur des appartemens.

Dans ces ouvertures, on place des châssis ou vantaux de menuiserie, soit pour en faire la clôture, soit pour recevoir des carreaux de verre dans des feuillures pratiquées à cet effet : ces châssis s'appellent aussi *croisées*.

On peut distinguer les grandes et petites croisées.

Les grandes croisées sont celles qui ont depuis 10 pieds jusqu'à 12 et 15 pieds de hauteur. On met pour l'ordinaire des impostes à ces grandes croisées, afin de leur donner moins de hauteur et de lourdeur. Ces châssis ont aussi communément des volets, ou on les dispose pour en recevoir.

Les battans de dormans doivent avoir 2 pouces 9 lignes d'épaisseur ou 2 pouces 6 lignes, ou pour le moins 2 pouces sur 4 pouces , ou 4 pouces 6 lignes , s'il y a des embrasemens, et 3 pouces s'il n'y en a pas.

On les fait désaffleurer la baie d'un quart de pouce au moins , et si la baie a beaucoup de largeur, on orne le pourtour du dormant d'une moulure , laquelle vient à s'assembler avec le montant de dessus l'imposte.

La largeur des battans de dormans est déterminée par les deux épaisseurs des volets, par celle du panneton, lequel sert à porter l'espagnolette.

On doit faire à ces battans une feuillure dessus l'arète de devant de 5 à 6 lignes de profondeur sur 6 à 7 de largeur. Cette feuillure sert à porter le volet, et l'on y pousse un congé, ainsi que sur l'arète du châssis , afin que les deux ensemble forment un demi-cercle dans lequel entre la moitié de la fiche.

Il faut aussi creuser une noix ou rainure d'une forme circulaire pour recevoir le châssis : cette rainure doit avoir en largeur les deux cinquièmes de l'épaisseur de ce châssis. On ravale le champ du battant d'environ une ligne depuis la noix jusqu'au congé, afin de faciliter l'ouverture de la croisée.

Leurs asssemblages , ainsi que ceux des pièces d'appui et de traverses d'en haut, se font à tenons et enfourchement. L'épaisseur de ces assemblages doit avoir les deux septièmes de celle du battant ou le tiers au plus.

Les pièces d'appui ont depuis 3 jusqu'à 4 pouces d'épaisseur selon les feuillures de la baie : il y a trois manières de faire ces feuillures.

La première, la meilleure et la plus usitée, est de laisser saillir la pierre de l'épaisseur de 8 à 9 lignes dans la largeur de la feuillure de la baie, et de faire une feuillure sur la pièce d'appui de la même largeur et hauteur de ce que la pierre excède.

La seconde manière est de faire une feuillure à l'appui de pierre qui règne pour la largeur avec celle de la baie sur un pouce ou environ de profondeur, sur l'arête de laquelle on réserve un listet ou reverdeau, lequel entre dans la pièce d'appui.

La troisième est de faire, à l'appui de pierre, une feuillure comme à la précédente, mais en supprimant le listet ou reverdeau.

Les pièces d'appui doivent affleurer le dormant en parement, et le désaffleurer par derrière d'un pouce au moins. Cette saillie passe en enfourchement par dessus le battant, et est arrondie.

Le listet, qui est entre la feuillure de dessus et l'arrondissement doit être abattu en pente en dehors, afin de faciliter l'écoulement des eaux : ce listet doit aussi saillir d'environ 3 lignes d'après le battant.

La saillie du dessus doit être profonde pour avoir

plus de solidité ; elle n'a de largeur que depuis le devant du dormant jusqu'au devant de joue de l'enfourchement du jet d'eau ; cela donne plus de largeur au listet , et empêche que la partie restante de l'enfourchement du jet d'eau ne vienne à s'éclater.

Les impostes sont des traverses qui servent à diminuer la trop grande hauteur du châssis. On leur donne 3 à 4 pouces de hauteur, et elles doivent désaffleurer en parement les battans de dormans de l'épaisseur de la côte réservée à porter les volets et les excéder en dehors de la saillie de son profil.

La feuillure de dessous doit avoir 6 à 7 lignes de hauteur sur l'épaisseur du châssis pour profondeur, de manière que le devant du châssis et l'imposte affleurent ensemble. On fait la feuillure de dessus moins haute, et l'on observe pour sa profondeur la même chose qu'aux pièces d'appui.

Les impostes s'assemblent par tenons et en-fourchement dans les battans de dormans, en observant une joue au devant du tenon. Comme l'épaisseur de la côte n'est pas suffisante, on fait au milieu de l'imposte , pour recevoir le montant de la largeur de la côte , une mortaise qui ne doit pas percer au travers , mais venir à un demi-pouce de la feuillure ; on doit faire aussi par devant de l'imposte une entaille de l'épaisseur de 2 à 3 lignes sur la largeur de la mortaise dans laquelle entrera la côte du montant.

Si les croisées sont plein-cintre ou surbaissées, on place les impostes au niveau du point du centre, ou bien on fait régner le dessus ensemble avec le dessus des impostes de la baie.

Si les croisées sont carrées, après avoir fait le compartiment total des carreaux de la croisée, en y observant la largeur des impostes, des jets d'eau et des traverses, on mettra deux carreaux de hauteur, s'ils sont petits, au châssis d'en haut, ou un seul carreau s'il est grand, ce qui déterminera la hauteur de l'imposte.

Quand il y a des impostes aux baies de croisées, on fait régner celles de bois avec celles de pierre, en continuant les mêmes moulures, soit en les profilant en plinthe.

Les traverses d'en haut doivent avoir la même épaisseur que les battans de dormans, sur 2 pouces et demi à 3 pouces de largeur, et un pouce de plus aux croisées qui sont disposées pour recevoir des embrasemens.

La largeur de ces traverses est déterminée par celle de la feuillure de la gâche de l'espagnolette, ou par le recouvrement des volets; on donne encore un pouce de jeu pour pouvoir les dégonder.

Il est d'usage de faire des montans de dormans aux croisées à impostes, pour leur donner plus de solidité, et pour procurer plus de légèreté aux châssis d'en haut. Ces montans ont l'épaisseur des châssis, plus celle de la côte de devant qui est de 5 à 6 lignes, lesquelles prises ensemble font aux environs de 2 pouces ou 2 pouces et demi d'épaisseur sur la largeur de la côte du battant sur lequel il vient tomber en passant en enfourchement par dessus l'imposte.

On fait ces montans de différentes manières :
1° en y pratiquant des feuillures pour recevoir
les châssis qui entrent dedans de toute leur
épaisseur.

2°. En faisant dans le montant deux rainures
de l'épaisseur du châssis, et profondes de 4 à
5 lignes, plus la longueur de la noix, ce qui
fait en tout 8 à 9 lignes.

3°. La troisième manière est de refendre le
montant sur son épaisseur en deux parties, dont
celle de derrière, qui reste en place, a d'épaisseur les 2 tiers de celle du montant. Cette dernière partie doit avoir deux feuillures de 6 lignes
de largeur pour recevoir les châssis. Dans la
partie de dessus du montant que l'on nomme
pièce à queue, on fait deux autres feuillures de
la même largeur que les premières, lesquelles
viennent jusqu'à l'épaisseur de la côte.

Lorsque les montans sont d'une seule pièce,
il faut les assembler à tenons et enfourchement
dans l'imposte, et à tenons dans les traverses d'en
haut. S'il y a des moulures autour du dormant,
on pousse ces mêmes moulures sur la côte de
derrière du montant, laquelle s'assemble d'onglet avec la traverse.

Les croisées d'une grandeur extraordinaire,
comme celles des appartemens d'un palais, des
orangeries, doivent avoir leur bois de 2 ou
3 pouces d'épaisseur sur 4 à 5 pouces dé largeur.

L'assemblage des battans à noix doit être placé
au milieu de leur épaisseur et en avoir tout au

plus le tiers, afin que la joue du derrière, divisée en deux parties égales, soit assez épaisse pour faire un enfourchement solide à l'endroit des jets d'eau.

Quant à l'assemblage des petits bois dans les battans de châssis, il se fait à tenons et mortaises, lesquels se placent au nu de la feuillure.

Les croisées à glaces sont susceptibles de toute la richesse possible, tant dans leurs profils que dans les formes chantournées que l'on donne à leurs traverses, et dans les ornemens de sculpture que l'on y introduit.

On doit faire les contours de ses croisées le plus doux qu'il est possible, y évitant les petites parties, les ressauts, et toutes formes tourmentées.

Quand on met des oreilles aux angles des carreaux de ces croisées, il vaut mieux les faire creuses que rondes, parce que cette forme est moins lourde, moins sujette à se tourmenter, et plus facile à réparer.

On doit donner aux carreaux de toutes les espèces de croisées une forme oblongue, c'est à dire un quart ou au plus un tiers de leur largeur de plus haut que large.

La solidité des croisées dépend de leurs assemblages, lesquels doivent être justes et avoir leur force principale sur les épaulemens ou sur la largeur des tenons, ce qui est la même chose.

Les croisées-éventails sont celles dont la partie supérieure se termine en demi-cercle ou en demi-ovale.

Soit que ces croisées-éventails aient un ou plusieurs montans ou des traverses cintrées, on doit toujours faire tendre au centre les montans de division, et il faut, autant qu'il est possible, que la division des carreaux sur la traverse du châssis-éventail soit égale à celle des battans de châssis du bas.

Les portes-croisées diffèrent des grandes croisées, en ce qu'elles ouvrent toujours à doucine ou à chanfrein, et qu'elles ont des panneaux par le bas, autour desquels règne en parement la même moulure qu'au dessus, à moins qu'on en veuille une plus riche.

Ces panneaux sont arasés par dehors, ou bien font corps sur le bâtis, ce qu'on appelle *panneaux recouverts*.

On détermine la hauteur des appuis des portes-croisées en faisant régner le dessus de la traverse d'appui avec le dessus des jets d'eau des croisées avec lesquels elles se trouvent d'enfilade, ce qui donne 15 à 18 pouces de hauteur au panneau pris du dessus de la traverse.

On peut aussi les faire à hauteur d'appui, c'est à dire leur donner 2 pieds et demi ou 3 pieds du dessus de la traverse ; on peut encore faire régner le dessus de l'appui avec le dessus des socles ou retraits du bâtiment.

Sur les traverses d'appui des portes-croisées, on doit rappeler ou ravaler des simaises méplates d'un ou de 2 pouces de largeur, selon la grandeur des portes, et on leur donnera d'épaisseur celle de la côte pour servir à porter les volets.

Les croisées entre-sols.

On nomme croisées entre-sols celles qui servent à éclairer deux pièces, dont celle de dessus est appelée *suspente* ou *entre-sol*.

Ces croisées se font de deux manières ; la première est de pratiquer une frise à l'endroit du plancher qui sépare l'appartement Cette frise descend en contre-bas du plancher de 2 pouces au moins, ce qui est nécessaire pour l'échappée de l'espagnolette : il faut un pouce de plus s'il y a un plafond qui règne avec les embrasemens.

Dans les croisées d'une largeur considérable, les frises affleurent le dormant par dehors, et font corps sur le châssis.

La seconde manière est de pratiquer à l'endroit des planchers un panneau ou table arasée qui, étant assemblée dans les dormans, affleure en dehors les châssis à verre.

On fait l'ouverture de ces croisées à gueule-de-loup, à doucine ou à chanfrein, quelquefois même à coulisse, selon les différentes pièces qu'elles éclairent.

Des doubles croisées.

Les doubles croisées, dont l'objet est de fermer et de tenir plus clos les appartemens, se posent, dans la partie extérieure des tableaux des croisées, de trois manières différentes. La première est de les faire entrer à vif dans les tableaux des croisées : on les arrête avec des crochets ; la seconde est de les poser dans des feuillures pratiquées autour du tableau ; la troisième est de faire des feuillures au dormant, dont l'arète extérieure est ornée d'une moulure.

Quant à leurs ouvertures, elles s'opèrent de trois manières : la première à noix et en dedans : alors il ne faut point de côte aux dormans, et l'on doit tenir les châssis des doubles croisées plus courts de 15 lignes que ceux du dedans, afin de les pouvoir passer entre la pièce d'appui et le travers d'en haut du dormant, ou l'imposte des châssis intérieurs.

L'ouverture de milieu se fait à doucine, à chanfrein ou à feuillure.

La seconde manière de faire l'ouverture des doubles croisées est de les faire ouvrir en dehors. Les châssis de ces croisées entrent à feuillure dans leurs dormans, et sont serrés de fiches à vases ou de pommelles ; elles ouvrent à feuillure dans le milieu.

La troisième manière est de faire ouvrir à coulisse ces doubles croisées ; mais alors on ne peut s'en servir que dans de grandes croisées.

Lorsque ces croisées n'ont point d'impostes, on les partage dans le milieu, afin de les rendre plus légères, et on recouvre le joint du montant par une côte que l'on rapporte en dehors et que l'on ravale dans le bois pour plus de solidité.

Des croisées-jalousies.

Les doubles croisées-jalousies diffèrent de celles dont on vient de parler en ce qu'elles ne reçoivent point de verre, et qu'en leur place on met dans les châssis des croisées des tringles de bois de l'épaisseur de 4 à 5 lignes, lesquelles sont assemblées obliquement dans les battans du châssis, afin d'empêcher les rayons du soleil d'entrer dans les appartemens.

Ces croisées ouvrent ordinairement en dehors; elles ouvrent à feuillure ou noix dans les dormans, et toujours à feuillure dans le milieu.

Les bois des châssis ont depuis 3 jusqu'à 4 pouces de largeur sur 15 à 20 lignes d'épaisseur.

Les tringles ou lattes peuvent être assemblées dans les bâtis de trois manières différentes :

La première est de les faire entrer en entailles dans les battans, ayant soin de faire ces entailles plus profondes par le haut, afin que les lattes se serrent en entrant : on les arrête par bas avec une pointe de chaque côté.

La seconde manière est de les faire entrer en entailles, comme celles ci-dessus, et d'y ajouter un goujon, lequel entre dans un trou que l'on pratique au milieu de l'entaille.

La troisième est de faire à chaque latte, au lieu d'entaille et de goujon, un tenon de 5 à 6 lignes de largeur; ou on laisse, sur la hauteur du châssis les tenons de deux ou trois lattes d'une longueur suffisante pour être chevillées.

Les lattes sont quelquefois mouvantes en tout ou en partie sur la hauteur des châssis ; il faut alors les poser de façon qu'étant fermées elles puissent se rejoindre les unes aux autres.

Il faut aussi disposer les traverses du haut et du bas selon la pente des lattes, ainsi que celles du milieu que l'on met au nombre de deux ou trois, selon la hauteur de la croisée.

Quant aux jalousies dites persiennes, elles ne se font pas d'assemblages, mais seulement avec des lattes de chêne de 4 pouces de large sur environ 2 lignes d'épaisseur. Ces lattes sont retenues ensemble par trois rangs de rubans de fil disposés à cet effet.

Voici la manière de les construire :

Ces lattes étant corroyées, coupées et appariées de mêmes longueur, largeur et épaisseur, ou observe qu'elles soient 2 à 3 pouces moins longues que le tableau de la croisée n'a de largeur.

On perce sur la largeur des lattes, à 4 pouces de leur extrémité, et au milieu de leur largeur, des trous de 5 à 6 lignes de large sur environ un pouce de longueur.

Ensuite on a un bon ruban de fil dont la longueur est de deux fois la hauteur de la croisée; on y rapporte d'autres rubans qui ont de longueur la largeur de la latte, et de plus, ce qui est nécessaire pour les attacher au premier; ce qui fait environ 6 pouces de longueur en tout. Ces petits rubans sont attachés aux grands à 4 pouces les uns des autres : ayez soin, en attachant ces rubans, que la partie qui est cousue soit en contre-haut de la latte.

Les rubans ainsi arrangés, on les arrête par les deux extrémités sur des lattes ou planches d'une largeur et d'une longueur égales aux autres, mais qui ont un pouce d'épaisseur, ce qui est nécessaire à celle du haut, pour placer à ses deux extrémités deux tourillons de fer qui entrent dans deux autres morceaux de fer évidés qui tiennent au sommier, lesquels portent toute la jalousie.

La planche du bas doit aussi être épaisse, afin de lui donner plus de poids pour mieux retenir les lattes lorsque la jalousie est levée.

Les rubans étant arrêtés sur les deux lattes du haut et du bas, on place les autres lattes sur les rubans, auxquels on perce des trous qui correspondent à ceux des lattes, par lesquels on fait passer des cordes qui sont fixées à la dernière latte, laquelle n'est percée que par des trous ronds de la grosseur des cordes ; et ces cordes, on les fait passer dans des poulies placées en entaille dans l'épaisseur du sommier de la jalousie.

Il faut entendre par sommier une planche de 6 pouces de largeur sur 15 lignes d'épaisseur, et d'une largeur égale à la largeur du tableau de la croisée au haut duquel elle est arrêtée.

Vers l'extrémité, et sur le devant du sommier,

on place trois autres poulies sur lesquelles les cordes passent pour redescendre en bas ; toutes ces poulies ne sont point parallèles avec le devant du sommier, mais au contraire, elles sont biaises, s'alignant chacune avec celles qui leur sont correspondantes.

Ces poulies doivent aussi être assez creuses pour pouvoir contenir les cordes, lesquelles doivent tomber bien perpendiculairement, afin d'éviter les frottemens et de rendre le mouvement de la jalousie libre et facile.

On tend les cordes, qu'on attache ensemble, pour baisser et hausser toujours de niveau la jalousie.

On tient la jalousie à la hauteur que l'on veut, en attachant les cordes à un crochet de fer placé au bas et à la droite du tableau de la croisée.

Le mouvement des lattes s'opère par le moyen d'une corde qui passe sur une poulie placée à l'extrémité du sommier, et en travers de sa largeur. Cette corde est attachée à la latte du haut, de sorte qu'en la tirant en dedans ou en dehors, on fait rehausser ou baisser les lattes comme on le juge à propos. On attache cette corde à un crochet pour conserver aux lattes l'inclinaison qu'on veut leur donner.

Enfin, on place, en dehors et en haut du tableau de la croisée, une planche ordinairemnet chantournée, mais d'une largeur assez considérable pour cacher toutes les lattes de la jalousie, lorsqu'elles sont remontées.

Quelquefois on fait au pourtour des jalousies un bâtis qui effleure le devant du tableau, pour empêcher les lattes de sortir en dehors de la croisée, et pour les défendre contre l'agitation du vent.

Des volets ou guichets qui couvrent les grandes croisées.

Les volets sont des vantaux de menuiserie propres à fermer les croisées : ils sont composés de battans, de traverses, de panneaux et de frises disposés par compartimens.

Ces volets peuvent être brisés en deux ou trois parties, selon la largeur des châssis qu'ils ont à couvrir, et selon la profondeur des embrasemens.

Lorsque les embrasemens sont considérables, et qu'ils peuvent contenir les volets d'une seule pièce, on ne fait point à ces volets de feuillures au pourtour, mais on les ferme avec des fiches à nœuds sur l'arête, ou avec des pivots.

Il y a trois manières différentes pour les volets qu'on est obligé de briser :

La première se fait à rainure et languette;

La seconde à feuillure;

La troisième à feuillure, dont le joint se trouve dans le dégagement de la moulure, du côté de la petite feuille.

Il faut que la feuille de volet du côté de l'espagnolette soit plus étroite que l'autre, de

15 lignes au moins, parce que l'espagnolette occupe un certain espace, et qu'elle demande du jeu pour s'ouvrir et se fermer.

Les volets doivent toujours être rangés derrière les chambranles, afin qu'ils ne soient pas, autant qu'il est possible, apparens sur leur épaisseur.

La hauteur des volets est déterminée par celle des châssis des croisées, plus leur recouvrement sur le dormant.

Au dessous des volets, à leur aplomb, on remplit le vide de l'embrasement, par un petit panneau nommé *banquette*, dont les champs, ainsi que les moulures, doivent répondre à ceux des volets : on couronne le dessus de ces banquettes d'une simaise d'un pouce ou d'un pouce et demi de hauteur, qui a de largeur toute l'épaisseur des volets, plus un pouce pour recevoir l'embrasement.

Les battans des volets doivent avoir des largeurs et des épaisseurs proportionnées. En général, ils ont 2 pouces jusqu'à 2 pouces 9 lignes de champ, pour ceux qui portent les fiches, plus les feuillures et la moulure : ceux des rives ont 3 et même 6 lignes de moins ; ceux de brisure doivent avoir 3 à 4 pouces de champ les deux ensemble.

Leur épaisseur doit être de 14 à 16 lignes pour ceux d'un profil simple, et de 18 à 20 lignes pour ceux qui sont à cadre ravalé.

Les traverses des volets, tant celles du haut et celles du bas que celles du milieu, doivent avoir 2 pouces et demi ou 3 pouces de champ, en outre la largeur des moulures et des feuillures.

Leurs assemblages doivent être placés derrière la rainure, et avoir d'épaisseur les deux septièmes de celle des volets.

Le compartiment des volets est déterminé par leur hauteur. On y met deux panneaux et trois frises, lorsqu'ils ont depuis 9 jusqu'à 12 pieds de hauteur; s'ils ont moins de 9 pieds, deux panneaux et une frise sont suffisans.

Quant à leurs profils, on les fait simples, à double parement, à petit cadre, à cadre ravalé; on peut aussi tailler leurs moulures d'ornemens.

La division des carreaux des croisées bombées en cintres surbaissés doit être faite du milieu de la traverse à l'endroit du petit bois, soit que les croisées soient à glaces ou à montans.

Des petites croisées.

Les croisées portant volets, n'eussent-elles que 4 pieds de hauteur, doivent être mises au rang des grandes, ne différant de ces dernières que par la largeur des bois, et leur épaisseur devant être toujours la même.

Les petites croisées diffèrent des autres, principalement en ce qu'elles n'ont point de côtes au dormant, ni au devant de battans-meneaux.

Lorsque ces croisées n'ont point de côtes, on fait leurs ouvertures de trois manières :

La première à noix ;

La seconde à feuillures dans le milieu, et à chanfreins simples ou bien à doucine.

La troisième manière est de faire les deux battans du milieu d'une largeur égale, et de pratiquer des feuillures à moitié bois avec des baguettes.

Cette dernière manière est la moins solide.

Des croisées-mansardes et à coulisses.

Ces croisées prennent le nom des étages où l'on a coutume de les employer ; elles sont, en général, composées d'un dormant avec montans et imposte, de quatre châssis dont deux sont immobiles ou arrêtés dans le dormant, et les deux autres à coulisses.

Ces croisées sont quelquefois disposées pour avoir des volets ; alors il faut que les dormans aient 3 pouces d'épaisseur, afin qu'après l'épaisseur des deux châssis et celle du jeu qu'il faut entre deux, ils désaffleurent le châssis de 4 à 5 lignes, ce qui forme une côte pour porter les volets. On donne aux battans 3 pouces à 3 pouces et demi de largeur, afin que les volets puissent se briser facilement.

Lorsque les croisées n'ont point de volets, les dormans doivent avoir d'épaisseur celle du châssis dormant, plus deux lignes de jeu et

celle des deux languettes, ce qui fait en tout
2 pouces d'épaisseur sur 2 pouces à 2 pouces
et demi de largeur.

Ces croisées, qui ne portent pas de volets,
doivent avoir des rainures sur le derrière des
battans de dormans, pour recevoir les châssis
dormans. Cette rainure tombe sur l'imposte s'il
y en a, et s'il n'y en a pas, elle est bornée à la
hauteur du châssis dormant. On la dispose de
façon qu'il reste entre elle et celle de la coulisse
une joue de 4 à 5 lignes au moins.

Si ces croisées portent des volets, on raine le
derrière des battans de dormans, comme aux
autres, et quant aux coulisses de devant, on les
fait de trois manières :

La première est de faire une rainure d'après
la côte disposée pour porter le volet.

La seconde est de les rainer du derrière du
châssis à coulisse.

La troisième est de faire des rainures, l'une
devant et l'autre derrière le châssis.

Les montans des dormans des croisées-mansardes ont ordinairement 2 pouces ou 2 pouces et demi de largeur, sur l'épaisseur des
dormans, plus une côte que l'on réserve par
derrière, d'après l'épaisseur du châssis, laquelle passe en enfourchement par dessus la
traverse d'en haut.

S'il n'y a point d'imposte aux croisées, on
fait les montans de toute la hauteur; et s'il y
en a, ils sont coupés à la hauteur de cette imposte, dans laquelle on les assemble à tenon flotté.

La partie supérieure du montant est refendue en deux parties, dont une est dormante, et l'on y fait deux feuillures pour recevoir les châssis. Cette partie du montant doit être moins épaisse de 3 lignes que le châssis, afin qu'avec le jeu ménagé entre ces deux châssis cela fasse une joue suffisante à la pièce à queue.

Cette épaisseur, que l'on donne de plus à la barre à queue, engage à faire une feuillure à chacun des deux châssis d'en haut.

Les montans de ces croisées s'assemblent à tenon dans la pièce d'appui, et leur bout s'assemble à tenon et enfourchement dans l'imposte. On réserve dans ce bout des montans une queue ou tenon pour assembler la pièce à queue.

Les impostes doivent affleurer le châssis dormant en parement, et le désaffleurer par derrière de 6 à 7 lignes. Cette épaisseur passe en enfourchement par dessus le dormant.

On peut aussi faire désaffleurer les châssis en parement, dans la moitié de leur largeur, de deux lignes au plus ; et cette saillie, jointe à une pareille que l'on observe au châssis, empêche le trop grand air d'entrer, et s'appelle *attrape-mouche*.

Les pièces d'appui des croisées qui portent des volets affleurent le dormant à l'ordinaire et sont ravalées par dessus de 4 à 5 lignes de profondeur. Ce ravalement se fait par derrière, et à plomb du tiers de l'épaisseur du châssis à coulisse, pris du devant de ce même châssis, afin que les deux tiers restans donnent plus d'épaisseur à la joue de la traverse.

Le ravalement du dessus de ces pièces d'appui se fait en adoucissement et un peu en pente, pour faciliter l'écoulement des eaux.

Les pièces d'appui des croisées qui n'ont point de volets se font de deux manières : la première est de les faire affleurer au dormant, et d'y former une languette, laquelle règne avec celle des battans, et entre dans le dessous du châssis, lequel est rainé ainsi que les côtés.

La seconde est de faire excéder la pièce d'appui de 3 à 4 lignes en parement, en la faisant passer en enfourchement par dessus les battans de dormans, et d'y faire un ravalement semblable à celles qui portent des volets.

Les traverses du haut des dormans de ces croisées ont 2 pouces, à 2 pouces et demi de largeur, sur l'épaisseur des battans de dormans, dans lesquels elles s'assemble à tenon ou enfourchement.

Lorsque les croisées-mansardes ont des impostes, il faut mettre des jets d'eau aux châssis d'en haut, pour faciliter l'écoulement des eaux et les empêcher de tomber dans la feuillure de l'imposte.

Les châssis s'assemblent à pointe de diamant ou d'onglet, ce qui est la même chose.

On peut aussi les faire carrés dans les bâtis : lorsque les croisées ne passent pas 6 à 7 pieds de hauteur, on y met de petits montans;

mais quand elles sont plus hautes, il faut y faire de grands montans.

On donne aux battans de ces châssis, de même qu'aux traverses, 2 pouces à 2 pouces et demi de largeur lorsqu'il n'y a point de moulure sur les bâtis, et un demi-pouce de plus, s'il y en a, et 14 à 16 lignes d'épaisseur.

Les demi-mansardes n'ont qu'un châssis sur leur largeur, qui est depuis 2 jusqu'à 3 pieds et demi. Elles ont quelquefois des impostes.

Leurs formes et façons sont de même que celles des autres croisées.

Dans ces demi-mansardes, la pièce à queue se place dans un des battans de dormans, et l'on assemble en chapeau la traverse du haut du dormant, du côté de la pièce à queue.

Quand ces croisées n'ont pas d'imposte, on fait descendre la pièce à queue jusqu'au dessous du châssis d'en haut.

Les croisées à coulisse sont différentes de celles à mansardes en ce que leur châssis d'en haut tient avec les dormans qui leur servent de battans, dans lesquels les traverses sont assemblées. Ces châssis à coulisses, se glissant par en haut, ont, au milieu, un montant qui se brise quelquefois en deux.

Pour le compartiment de ces croisées, dont les carreaux du haut sont plus larges que ceux du bas, il faut prendre la différence de l'arasement supérieur et inférieur, que l'on partage en deux, et l'on s'arrange d'après la largeur qui en résulte.

Les croisées à l'anglaise sont des espèces de demi-mansardes, aux deux côtés desquelles on pratique des coulisses dans lesquelles tombent des contre-poids qui servent à enlever le châssis par le moyen de deux cordes auxquelles ils sont attachés. Ces cordes tiennent aux deux extrémités supérieures du châssis et passent sur des poulies placées au haut du dormant. Ces croisées sont peu en usage, comme étant incommodes et sujettes à des accidens.

On ne fait pas plus d'usage des anciennes croisées à la française, très désagréables par leurs panneaux de vitrerie en plomb et par la grande largeur de leur bois.

Des portes.

On appelle *portes*, en général, les ouvertures pratiquées dans les murs de face et de refend d'un bâtiment, pour y donner l'entrée et la sortie. Nous avons à parler ici des portes mobiles ou vantaux de menuiserie, qui ferment et remplissent ces ouvertures. Il y a trois sortes de portes, les grandes, les moyennes et les petites.

Les grandes sont celles qui ont depuis 8 pieds jusqu'à 12 et même 16 pieds, comprenant les deux vantaux ensemble.

Les moyennes sont celles qui ont depuis

4 jusqu'à 6 pieds de largeur; telles sont les portes cochères, les portes bâtardes qui servent d'entrée aux maisons bourgeoises, les portes de vestibules et les portes d'appartemens à deux vantaux.

Les petites portes sont celles qui n'ont qu'un vantail, et qui ont depuis 2 jusqu'à 3 pieds de largeur.

Des portes cochères.

Les portes cochères qui servent d'entrée aux hôtels ou grandes maisons sont ordinairement composées de deux vantaux, lesquels montent de fond et ouvrent de toute la hauteur de la baie : il y en a aussi de circulaires avec des impostes, au dessus desquelles on pratique quelquefois des entresols.

Lorsqu'il y a une imposte à la baie, on doit y faire régner également celle de la porte, du moins pour le dessus; et s'il n'y a point d'entresol, on remplit le cintre par un panneau de menuiserie, avec plus ou moins d'ornemens.

On pratique quelquefois, dans le milieu du dessus de porte, une petite croisée ronde ou ovale.

Lorsque le plafond de la porte va jusqu'en haut du cintre, on peut, au lieu de croisée, mettre un rond ou un ovale, dont les moulures et les champs régneront avec ceux de la porte.

Les vantaux des portes cochères sont ordi-

13

nairement composés chacun d'un gros bâtis, au haut duquel est un panneau saillant, que l'on appelle *table d'attente*, et de deux guichets dont l'un est dormant et l'autre mobile.

Il est inutile d'observer que l'épaisseur des gros bâtis des portes cochères doit être proportionnée à leur hauteur.

Les battans qui portent le guichet dormant doivent être rainés sur leur champ; la largeur de la rainure doit être le tiers de l'épaisseur du guichet.

La traverse au dessus du guichet doit être rainée de même. On ne fera point de rainure pour celle du bas.

Il faut mettre dans les guichets et les battans de bâtis une clef sur la hauteur, aux plus petites portes, et deux aux grandes, d'une largeur et épaisseur suffisantes pour retenir l'écart des battans et empêcher la porte de fléchir.

Le guichet ouvrant doit être traité de même que le dormant, excepté qu'à la place des rainures on y fait des feuillures d'un pouce de profondeur.

On remplit l'espace qui reste entre le dessus du guichet et le haut de la porte de différentes manières, en y pratiquant des tables saillantes, des cadres renforcés, des crossettes, des panneaux, des moulures et d'autres ornemens.

Les assemblages des gros bâtis doivent avoir d'épaisseur le tiers au plus de celle des bâtis, en observant que leur force est principalement sur leur largeur. Il faut surtout avoir grand soin qu'il ne reste aucun vide entre les assemblages. On arrondit les arêtes des battans de rives, afin qu'elles ne nuisent point à l'ouverture de la porte ; et l'on forme ordinairement une baguette méplate, sur le battant du milieu de la largeur de la feuillure ou de la noix.

Quant à l'ouverture des portes cochères, on est indécis s'il faut faire la feuillure en parement au vantail dormant, ou bien à celui qui porte le guichet ; cependant, lorsque les portes sont ferrées d'espagnolettes, on est bien obligé de faire la feuillure en parement au guichet dormant, parce qu'il est très rare qu'on la pose sur le vantail qui porte le guichet, ce qui n'est pourtant pas sans exemple.

Il paraît préférable de faire l'ouverture du milieu des portes cochères à noix, parce qu'il n'y a plus alors de difficulté pour la ferrure, et que, par ce moyen, les deux vantaux tiennent mieux ensemble, et sont beaucoup plus clos.

Les guichets sont composés d'un bâtis, d'un parquet par le bas, et de cadres et de panneaux par le haut : leur épaisseur doit égaler celle qui reste d'après la feuillure ou les rainures des gros bâtis.

Les cadres s'assemblent à tenons et mortaises que l'on fait doubles à ceux d'une épaisseur considérable ; et l'on y met, pour plus de solidité, des clefs sur leur hauteur, pour les tenir avec les bâtis.

Les panneaux se joignent à plat-joint, avec

des clefs que l'on met au nombre de deux ou trois sur la hauteur, et entre lesquelles on rapporte des languettes qui doivent être très minces.

Le pourtour est orné de plates-bandes, plus ou moins larges, à proportion de la largeur du cadre, c'est à dire depuis un pouce jusqu'à un pouce et demi, et d'une saillie proportionnée à la largeur.

Les planches qui composent les panneaux seront étroites autant qu'il est possible, afin d'être moins sujettes à se tourmenter ou à se fendre, étant exposées au grand air.

Le bas des guichets est communément revêtu d'une table saillante, nommée *parquet*, que l'on fait, soit en planches jointes ensemble à rainures et languettes, soit d'assemblages à panneaux arasés comme les parquets des appartemens.

Les parquets s'attachent ordinairement sur les guichets avec des vis, ou mieux, on les fait entrer en embrévement dans les battans et les traverses des guichets.

Des portes charretières.

Ces portes sont peu susceptibles de décorations, mais de solidité.

Elles sont composées, comme les autres portes, de gros bâtis et de guichets auxquels on met quelquefois des parquets saillans.

La seconde manière est de faire ces portes comme les autres, composées de gros bâtis et de guichets, lesquels sont remplis par des montans de 3 à 4 pouces de large, et par des planches de 6 à 8 pouces aussi de largeur, lesquelles sont à joints recouverts sur ces montans : ces planches montent de toute la hauteur, ou sont séparées par une traverse.

La troisième manière est de les faire de planches arasées dans les bâtis.

Dans ces deux dernières manières, comme les planches n'affleurent pas les bâtis par derrière, on y assemble des traverses ou barres disposées diagonalement, pour retenir la retombée de ces portes.

Portes d'église et de palais.

Ces portes ne diffèrent des autres que par leur grandeur et leur décoration.

Il n'est pas d'usage de mettre des parquets aux portes d'église par lesquelles il ne passe pas de voitures, d'autant que les parquets ne sont faits que pour conserver le bas des portes, et non pour leur servir d'ornemens.

Les portes des palais étant extrêmement larges, et n'étant pas conséquemment exposées au frottement des voitures, ne doivent pas non plus avoir de parquets.

On fait ouvrir ces portes de toute leur hauteur, du moins, autant que cela est possible ;

on n'y met point d'impostes ni de tables saillantes, et on doit arranger les cadres du haut
conformes à ceux du bas; on n'y fait point de
guichet; ou s'il y en a, il faut éviter qu'il ait
aucune forme apparente, et le faire ouvrir dans
le compartiment des cadres.

Ces portes sont presque toujours à double parement, et aussi riches en dedans qu'en dehors.

Des portes bourgeoises ou bâtardes.

On nomme portes *bourgeoises* ou *bâtardes*
celles qui n'ont qu'un vantail, et qui n'ont de
largeur que depuis 4 pieds jusqu'à 6 au plus;
elles sont semblables aux guichets des portes
cochères, tant pour la grosseur des bois que
pour leurs formes et dimensions.

Quand ces portes ont au dessus de 5 pieds de
largeur, on fait un bâtis, lequel saille d'environ
2 pouces au pourtour de la baie, avec une moulure sur l'arête.

Lorsque ces portes n'ont point de bâtis, on
tient leurs battans de 2 ou 3 pouces au moins
plus larges d'après le champ, afin que cette largeur serve de battement.

Souvent on tire du jour par le haut de ces
portes, qui sont destinées à fermer une allée,
ce qui se fait de deux manières.

La première est de pratiquer dans le haut du
panneau une ouverture d'une forme ronde ou
ovale, ornée de moulures, et dont on remplit

le milieu par un panneau de serrurerie ou de fonte de fer.

La seconde manière est de mettre des impostes à ces portes aux trois quarts de la hauteur de la baie : l'on dispose au dessus un panneau percé à jour, dont les champs et les moulures tombent à-plomb de celles de la porte.

On ne peut guère se dispenser de mettre des parquets à ces sortes de portes.

Portes en placard.

On nomme *portes en placard* celles qui servent d'entrée aux appartemens, et dont les baies sont revêtues de menuiseries.

Les chambranles de ces portes ont différentes formes et profils, selon les ouvertures des portes ; et lorsque, dans chaque appartement, il y a plusieurs pièces d'enfilade, on fait en sorte que les ouvertures s'alignent du milieu de chaque ouverture, et soient égales en largeur et hauteur.

Les ouvertures des portes sur les chambranles se font à recouvrement, à noix, ou à feuillure à vif.

Il faut observer que l'on doit toujours pousser devant soi le vantail à droite d'une porte, lorsque l'on entre dans un appartement, quand même l'entrée de cet appartement serait à gauche.

On fait quelquefois, dans les très grandes

pièces, des portes en arcades, ayant soin qu'elles soient symétriques avec les arcades des croisées.

Il est facile de remédier à l'inconvénient que causent souvent les différentes grandeurs des pièces, et par conséquent, des portes des petits et grands appartemens. On ne fait ouvrir qu'un vantail du placard de toute la hauteur, lorsqu'il n'y a pas plus de 8 pieds de haut, et on laisse l'autre dormant.

Lorsque les vantaux des grandes portes deviennent trop hauts, on les coupe à la hauteur de la baie des petites pièces, et on rapporte une fausse traverse par derrière.

Quand on ne veut pas couper le vantail, on le fait ouvrir de toute la hauteur, et on y rapporte par derrière une traverse flottée, laquelle, lorsque la porte est fermée, forme un placard du côté de la petite pièce.

Des chambranles.

Les chambranles sont des parties de menuiserie dont on revêt extérieurement les baies des portes, et qui reçoivent les ferrures des vantaux.

Si les chambranles sont carrés ou d'une forme bombée par le haut, on les assemble d'onglets à tenons et mortaises, lesquels se font dans les traverses ou emboîtures, afin que le bout des tenons ne paraisse point par le côté ; on y fait ordinairement un enfourchement ou tenon double, afin de les rendre plus solides.

Quant aux épaisseurs des chambranles, on leur donne premièrement la saillie ou le relief nécessaire ; plus, 15 à 18 lignes pour recevoir les lambris, lesquels entrent dans les chambranles à rainures et languettes. On termine le bas des chambranles par une plinthe ou socle qui saille de 4 à 5 lignes sur la face et par le côté du battant, et qui doit avoir de hauteur la largeur du champ de la porte.

Des différentes manières de chantourner les traverses.

Il y a trois manières de chantourner les traverses ; la première est de chantourner le dedans seulement, de faire régner autour la principale moulure du profil, et d'en faire monter carrément le dernier membre.

La seconde manière est de faire suivre le contour de la traverse à tout le profil, et de regagner le carrement des champs par un petit panneau entouré de moulures.

La troisième, quand la place le permet, est de faire régner un champ entre le petit panneau et le profil chantourné.

Quant à l'assemblage de ces traverses, on y fait un ou plusieurs tenons, selon leurs différentes largeurs ; et on observe une languette entre les deux tenons, afin de les rendre plus solides et d'en cacher le joint.

Lorsque les traverses sont chantournées,

c'est à dire lorsqu'il n'y a pas grande différence
entre les cintres d'un côté et ceux de l'autre,
on peut faire alors les assemblages à l'ordinaire ;
mais s'il y a beaucoup de différence, et que le
ravalement soit d'une largeur considérable, on
fait à l'endroit qui reste plein un tenon à l'ordinaire, et d'après le ravalement une languette
ou un tenon mince, comme à celles qui sont de
deux pièces sur leur épaisseur.

Des portes coupées dans les lambris.

On fait quelquefois des portes d'un côté, qui
font lambris de l'autre, ou croisée, ou glace.

Il y a deux manières de traiter ces sortes de
portes.

La première est de faire ces portes arasées
d'un côté, et d'attacher le lambris dessus avec
des vis, en coupant ce lambris à l'endroit de
l'ouverture de la porte, laquelle l'emporte avec
elle en dedans ou en dehors de l'appartement.

On fait le joint en pente, afin qu'il soit moins
apparent, en observant de remplir les inégalités qui se rencontrent entre la porte et le lambris à l'endroit des panneaux ; pour quoi on se
sert de tringles, lesquelles doivent être assemblées dans les battans ou les traverses du lambris
mouvant et de celui qui reste en place.

La seconde manière est de faire ces portes
dans les mêmes bois que les lambris, en leur
donnant une épaisseur convenable.

Les traverses s'assemblent dans les battans à tenon et enfourchement, à l'exception que, du côté du battant épais, il y a un double assemblage, et que, du côté du battant mince, il n'y en a qu'un simple, et que l'enfourchement de la traverse passe à nu sur le battant, lequel arase le panneau.

Les bâtis de ces portes doivent avoir au moins 18 à 20 lignes d'épaisseur d'après le ravalement des moulures, pour qu'on puisse donner assez de force aux assemblages.

Lorsqu'il y a des frises aux portes, et qu'il n'y en a pas aux lambris, ou lorsqu'il y en a à tous les deux, mais qu'elles ne se rencontrent point, on ravale le panneau à l'endroit de la traverse, laquelle s'assemble dans les battans à tenon et mortaise, et se nomme *traverse flottée*, parce qu'elle n'a d'épaisseur que le relief du profil.

Quant aux portes qui sont croisées en parquets de glace d'un côté, et placard de l'autre, on les fait arasées d'un côté, à la réserve des champs et des moulures que l'on fait en saillie d'après le nu des panneaux et des traverses arasées.

Les traverses et montans des petits bois, ainsi que les montans des glaces, se rapportent avec des vis, afin d'en pouvoir ôter les glaces quand on veut.

Placards pleins et ravalés dans l'épaisseur du bois.

Les portes à placards seront plus solides, si l'on en fait des vantaux de planches jointes ensemble à rainures et languettes assemblées avec des clefs et emboîtées par le bout. On rapporte sur ces vantaux des moulures qui y forment des cadres et des frises.

On peut aussi ravaler dans l'épaisseur du bois une plate-bande en saillie, et y rapporter les emboîtures à bois de fil.

Des petites portes.

Les petites portes sont celles qui n'ont qu'un seul vantail, et qui ont de largeur depuis 2 jusqu'à 3 pieds sur 6 à 7 pieds de hauteur, du dedans des chambranles. Ces portes ne diffèrent en rien de celles à deux vantaux, tant pour la largeur et l'épaisseur des bois que pour les profils ; on peut même leur procurer une forme plus élégante, et leur donner quelquefois de hauteur jusqu'à trois fois leur largeur.

Le haut de ces portes doit être cintré, bombé, ou en anse de panier.

Lorsque l'on veut donner du jour à des dégagemens ou à des cabinets, on y fait des portes vitrées, c'est à dire que l'on supprime le panneau du haut pour y substituer des carreaux de verre ou de glace. Ces portes sont susceptibles d'ornemens, et elles ont, ainsi que les autres placards, des chambranles presque toujours à double parement.

On fait aussi des petits placards qui n'ont point de chambranles, et que l'on enchâsse dans des huisseries de charpente. Ces portes peuvent avoir des frises et sont toujours à petits cadres. Les petites portes, que l'on nomme *pleines* ou *unies*, sont faites de planches jointes à rainures et languettes; et pour plus de solidité, on y met une ou plusieurs clefs sur la hauteur, pour retenir les joints. Les bouts de ces portes sont assemblés dans une traverse ou emboîture à tenon et mortaise avec des languettes.

Lorsque les portes sont exposées à l'humidité, on n'y met qu'une emboîture par le haut, et une barre par le bas, parce que les traverses d'une emboîture seraient sujettes à se pourrir. On doit observer la même chose pour les contrevens et les autres ouvrages exposés au grand air et à l'humidité.

Nous ajouterons, avec M. Roubo fils, notre guide principal dans la description de cet art, qu'il est très essentiel de donner de la *refuite* à toute espèce d'ouvrage, surtout quand les parties qui sont assemblées et chevillées sont d'une certaine largeur, parce que, si secs que soient les bois qu'on emploie, ils se retirent toujours un peu; effets qui deviennent surtout très considérables quand il y a plusieurs planches jointes ensemble, ainsi que dans les assemblages; en observant toutefois de faire roidir les épaulemens par dehors, afin qu'ils forcent les planches à se retrier sur elles-mêmes, et en retiennent les joints.

Donner de la refuite, c'est élargir les trous des chevilles dans les tenons, et agrandir les mortaises en sens contraire, afin que, quand les planches viennent à se retirer chacune sur elle-même, les chevilles ni les épaulemens ne les arrètent pas et ne fassent pas fendre les joints. Cette refuite doit donc être également des deux côtés.

Du parquet et des planchers.

Le parquet est une espèce de menuiserie dont on couvre le plancher ou l'aire des appartemens. Il y a deux manières de faire le parquet; l'une consiste en plusieurs pièces de bois assemblées à tenons et mortaises, lesquelles formes différens compartimens que l'on nomme *parquets*.

L'autre manière est de planches jointes ensemble à rainures et languettes corroyées de toute leur largeur, ou refendues à la largeur de 3 ou 4 pouces. Cette seconde manière se nomme *plancher*, à cause des planches qu'elle emploie.

Ce parquet d'assemblage se fait par feuilles carrées, qui ont depuis 3 pieds jusqu'à 3 pieds et demi, et même 4 pieds en carré, selon la grandeur des pièces d'appartement.

On compose les feuilles de parquet, de bâtis et de panneaux arasés.

Leur épaisseur est depuis un pouce ou un pouce et demi jusqu'à 2 pouces.

On pose le parquet sur des lambourdes, qui sont des pièces de bois de 3 pouces en carré, ou 2 sur 3 dans les pièces élevées dont on ne veut point trop charger le plancher.

On met les lambourdes de 3 pouces sur 4, et même de 4 sur 6, pour les très grandes pièces et pour celles exposées à l'humidité.

Les lambourdes se posent à nu sur l'aire de plâtre que l'on fait sur les planchers, laquelle a ordinairement un pouce d'épaisseur, ce qui est suffisant pour recouvrir la latte.

Quelquefois même l'on pose les lambourdes sur les solives, ne faisant d'aire de plâtre qu'entre ces dernières ; on doit toujours poser les lambourdes à contre-sens du plancher, de sorte qu'elles croisent les solives.

Le scellement des lambourdes ne se fait pas plein entre elles, mais en forme d'auget, c'est à dire que l'on met le plâtre en forme de demi-cercle, en prenant de dessus l'aire jusqu'à l'arête supérieure des lambourdes ; cependant il est bon de faire, d'espace en espace, un tasseau de plâtre, surtout à l'endroit des joints de bois de bout, pour plus de solidité.

La disposition générale du parquet dans les appartemens se fait de deux manières.

L'une est de mettre les côtés des feuilles de parquet parallèles à ceux de la pièce.

L'autre, de mettre la diagonale des feuilles parallèle aux côtés de la pièce, ce qui est la pratique la plus usitée.

Avant de poser un parquet dans une pièce, on commence par en tirer le milieu, tant sur un sens que sur l'autre, en supposant la cheminée dans le milieu ; car, si elle n'y est pas, il faut faire en sorte que son foyer coupe le parquet également d'un côté et de l'autre ; ensuite on tire deux lignes qui partagent également les premières, ce qui donne, dans leur intersection, le point central, sur lequel on pose la première feuillure, après quoi on établit toutes les autres. On s'arrange pour qu'il y ait toujours une feuille entière, ou du moins une demi-feuille à la rencontre du foyer de la cheminée.

Il y a deux façons de faire le compartiment particulier de chaque feuille du parquet.

La première, et la plus ordinaire, est de le faire à compartiment de seize carrés diagonaux, et dont les angles touchent les bâtis.

La seconde est de le faire aussi à seize panneaux carrés, mais qui ont leurs côtés parallèles à ceux de la feuille.

De ces deux manières, on en peut adopter une troisième qui consiste à mettre alternativement une feuille d'une façon et une de l'autre.

On met quelquefois des frises courantes au pourtour de la pièce, dans lesquelles les feuilles de parquet entrent à rainures et languettes, ce qui rend l'ouvrage beaucoup plus solide.

On appelle *foyers* des espèces de châssis qui

servent à entourer la pierre ou le marbre de l'aire de la cheminée, et à recevoir les feuilles de parquet coupées en cet endroit, lesquelles entrent dans les foyers à rainures et languettes. Leur largeur est égale à celle des bâtis des feuilles de parquet, et leur ouverture doit être au moins parallèle au dehors du chambranle de la cheminée ; il serait même à propos que ces foyers de parquet fussent plus larges de 2 ou 3 pouces de chaque côté, afin que les côtés de la cheminée, qui sont revêtus en pierre ou en marbre, ne parussent pas porter sur les bois.

Ces foyers s'assemblent à tenons et mortaises, et presque toujours à bois de fil.

Les feuilles de parquet sont composées de bâtis et de panneaux. Les bâtis ont de largeur depuis 3 pouces jusqu'à 3 pouces et demi et 4 pouces, selon les différentes grandeurs des feuilles de parquet.

On les assemble à tenons et mortaises.

Ces bâtis sont composés de pièces qui prennent différens noms, selon leurs formes et grandeurs ; ainsi, les ouvriers y distinguent le *battant*, la *pièce carrée*, l'*écharpe*, la *pièce-onglet*, la *petite pièce carrée*, le *colifichet*, le *petit panneau* dit le *guinguin*, le *panneau carré*, la *pièce du coin* ou le *panneau-onglet*.

Les feuilles du parquet sont jointes à rainures en languette les uns avec les autres, en sorte que les rainures soient dans une feuille et les languettes dans l'autre.

La longueur des seuils est déterminée par la

largeur de la baie des portes, en observant de laisser, après l'embrasement, un champ d'une largeur égale à celle des autres bois du parquet.

Quant à leur largeur, elle est déterminée par l'épaisseur des murs.

Le champ du seuil doit venir au nu du devant du chambranle pris du fond des moulures. Le compartiment des seuils est pour l'ordinaire d'une forme carrée.

On fait les parquets de bois sec ; on se sert communément de merrain ou courson, qui n'est pas refendu à la scie, mais au coutre : on en fait aussi en bois de marqueterie, mais rarement, à cause de leur dépense et de leur peu de solidité.

Des planchers.

Les planchers qui tiennent lieu de parquets sont composés de planches jointes ensemble à rainures et languettes, ou bien refendus par alaises.

Le plancher à point de Hongrie est fait de compartiment diagonal ; il est ordinairement composé d'alaises d'environ 3 ou 4 pieds de long, et 3 à 4 pouces de largeur. La coupe et la direction des joints se fait d'onglet ou par un angle de 45 degrés.

Tous les planchers se font de bois de chêne, depuis 15 lignes d'épaisseur jusqu'à 2 pouces.

On doit avoir soin que les lambourdes soient posées un peu bouges ou bombées au milieu de la pièce, surtout quand elle est d'une certaine étendue, afin de parer à l'effet d'un bâtiment neuf.

Les lambourdes étant posées, on attache le parquet dessus avec des clous à parquet qui ont une tête méplate, ou avec des clous sans tête.

Quand on veut éviter de laisser paraître la tête des clous, on fait une petite mortaise dans laquelle entre la tête du clou, et on y rapporte une pièce de bois de fil.

Si le bois des planchers est trop mince pour y faire des entailles, ou s'ils sont de bois de sapin, on se sert, pour les arrêter, de clous à petites têtes nommés *caboches*, lesquels entrent dans le bois et s'y cachent entièrement.

Des lambris.

Il faut entendre par lambris toute espèce de menuiserie servant au revêtissement intérieur des appartemens. On appelle *lambris de hauteur* celui qui s'élève depuis le parquet d'un appartement jusqu'à la croisée; et *lambris d'appui* celui qui règne au pourtour d'un appartement, et n'a de hauteur qu'un quart ou qu'un cinquième de toute la hauteur de la pièce prise du dessous de la corniche.

Les lambris de hauteur sont composés de deux parties, savoir, de l'appui et de son dessus, que l'on nomme proprement *lambris de hauteur;* ils sont séparés l'un de l'autre par une moulure que l'on nomme *cymaise*, dans laquelle ces deux lambris entrent à rainures et languettes ; ou si la pièce n'a pas beaucoup d'élévation, on fait tenir les deux lambris ensemble, et la cymaise n'a d'épaisseur que celle de sa saillie.

Le bas des lambris d'appui est ordinairement terminé par une plinthe ou socle qui est attaché dessus ; quelquefois aussi on fait ce bas d'une épaisseur assez considérable pour recevoir le lambris d'appui à rainures et languettes.

Il y a plusieurs manières de poser les tentures au dessus des lambris d'appui ; celle qui paraît préférable est de faire des châssis qui règnent au pourtour de la tapisserie, et qui se posent sur le lambris d'appui, ainsi que sur le lambris ordinaire.

La forme des lambris d'appui doit être carrée, c'est à dire qu'il ne faut y faire aucun cintre, leurs champs et leurs moulures devant être droits dans tous les cas, et ces premiers être égaux et perpendiculaires avec ceux des lambris ds hauteur.

Les panneaux des lambris, tant d'appui que de hauteur, sont pour l'ordinaire séparés par des pilastres qui sont arrasés avec les bâtis des panneaux.

Il faut observer que les champs des lambris soient tous parfaitement égaux entre eux, tant ceux qui sont perpendiculaires que ceux qui sont horizontaux, sans même avoir égard à la largeur des pilastres, lesquels deviennent quelquefois très étroits.

Il faut éviter que les champs des lambris soient coupés ou interrompus par les cintres des traverses, ou par les enroulemens de ces cintres.

Les panneaux des lambris se font de planches jointes ensemble, qui ont depuis 6 lignes jusqu'à un pouce, et même un pouce et demi d'épaisseur, selon leurs différentes grandeurs. On les fait entrer à rainures et languettes dans les cadres ou dans les bâtis des lambris. Ces rainures doivent avoir 6 lignes de profondeur au moins.

On choisit les planches les plus étroites pour les panneaux, les plus larges ne devant avoir que 6 à 8 pouces de largeur au plus, parce qu'autrement elles seraient sujettes à se retirer et à se fendre.

On met derrière les panneaux une ou plusieurs barres que l'on nomme *barres à queue*, lesquelles sont entaillées à queue dans le panneau, de l'épaisseur de ce qui reste de bois d'après la languette.

Il y une autre manière de retenir les panneaux, c'est d'y attacher une barre avec des vis, ayant l'attention de faire dans ces barres, et à l'endroit de ces vis, une mortaise de 12 à 15 lignes de longueur sur une épaisseur égale au collet de sa vis, afin de donner au panneau la liberté de faire son effet.

Ces barres s'attachent sur les bâtis, ou bien sont assemblées à tenons et mortaises lorsque les bâtis sont assez épais.

On fait quelquefois les barres de fer plat, et

elles sont d'autant plus commodes, qu'elles tiennent moins de place derrière le lambris.

Revêtissement des cheminées.

On revêt les cheminées d'un bâtis de 15 lignes d'épaisseur au moins, dans lequel est assemblé le parquet qui porte la glace, les fonds des dessus et les châssis des tableaux.

Le parquet est composé de traverses, de montans ou de panneaux ; il ne doit avoir qu'un pied de large sur 15 pouces de hauteur environ. On le fait quelquefois araser, mais il vaut mieux qu'il soit enfoncé dans le bâtis, pour que la chaleur du feu, en le faisant bomber, ne le presse pas contre les glaces.

On fait au pourtour des bâtis des feuillures de 6 à 8 lignes de largeur, sur une profondeur égale au renfoncement du parquet, qui est d'environ 4 lignes.

Si les glaces remplissent toute la hauteur de la cheminée, et qu'il n'y ait point de panneau au dessus, on termine la cheminée par un champ, dont la largeur règne avec ceux des lambris de la pièce.

Il est essentiel de ne jamais interrompre cette largeur de champ par le contour des moulures; ce qui, d'ailleurs, est une règle générale pour toute sorte d'ouvrages.

Lorsqu'il y a des panneaux au dessus des glaces, il y a deux manières de les disposer; la première est de séparer le panneau et le dessus de la glace par un champ et par une moulure qui règnent au pourtour du panneau, lequel entre à rainures et languettes dans les cadres des bâtis.

La seconde manière est de ne point mettre de champ ni de moulure au bas des panneaux, mais au contraire de les faire tomber au derrière de la moulure de la glace, afin de porter cette dernière et de recevoir le parquet.

Le bas de ces deux panneaux est disposé comme les traverses du haut des cheminées, et l'on y fait des mortaises et des rainures pour recevoir les parquets des glaces.

Ces panneaux ainsi disposés se nomment *fonds*. Quand il y a des tableaux au dessus des cheminées, on les entoure de bordures. On pose les tableaux sur le bâtis, et on les retient par derrière avec des cales, ou des taquets par devant; on les arrête par les bordures qui les recouvrent de 6 à 8 lignes.

Lorsque les châssis sont d'une certaine grandeur, on y fait une croix au milieu, c'est à dire que l'on y met un montant et une traverse, lesquels sont assemblés en entaille et à moitié bois de leur épaisseur.

Il y a des cheminées qui ne sont pas décorées de glaces, mais seulement de panneaux de menuiserie, ou de tableaux auxquels on rapporte des bordures, qu'on attache sur les bâtis avec des vis.

Des embrasures de croisées.

Les embrasures de croisées sont ordinairement revêtues par les côtés de deux morceaux de lambris nommés *embrasemens*, d'un plafond par le haut, et d'une banquette ou soubassement par le bas.

Il y a des appartemens où cette banquette est en saillie en forme de coffre ; mais on doit n'employer cette manière que très rarement, et seulement dans des rez-de-chaussée, parce que leur saillie est trop gênante.

On doit donc observer de faire rentrer le soubassement de toute son épaiseur au dessus de la pièce d'appui, en sorte que ce soubassement tombe aplomb de la croisée, et que le champ de l'embrasement soit égal du haut en bas.

Si les croisées descendent jusqu'en bas de l'appartement, on ne met pas d'appui aux embrasemens , mais on les fait descendre jusque sur la plinthe.

Lorsque les croisées ne descendent point jusqu'au bas, et que la hauteur de l'appui ou de la banquette n'est pas suffisante pour faire un panneau, alors on fait une double plinthe qui regagne cette hauteur et qui règne au bas des embrasemens.

Il est ordinaire d'orner le milieu des banquettes et des plafonds d'un rond ou d'une losange, ainsi que les embrasemens et les volets.

Le pourtour de la baie des embrasemens des croisées peut être orné d'un chambranle, ou du moins d'un bandeau dont l'arète est décorée d'une moulure.

Il faut que les chambranles des croisées fassent avant-corps sur les pilastres des écoinsons et sur les trumeaux des croisées.

Pour les bandeaux, il est indifférent qu'ils fassent avant ou arrière-corps ; cependant ils sont très bien en arrière-corps, quand les écoinsons ou les trumeaux sont d'une largeur médiocre.

Des bibliothèques.

Les armoires ou corps de bibliothèques sont composés de bâtis sur le devant, quelquefois de derrière, d'assemblages de côtés et de montans, enfin de tablettes et de fonds.

Les devantures des bibliothèques peuvent être très riches, mais il faut toujours éviter d'y mettre des cintres dans les traverses, leurs contours ne pouvant que produire un mauvais effet avec les livres, qui présentent toujours des lignes parallèles horizontales, qui, pour lors, seraient interrompues par les cintres.

Les parties de chaque case ou division des bibliothèques doivent être ornées d'un chambranle ou d'une moulure sur l'arète des champs.

Ces champs et ces chambranles ne doivent pas être trop larges, et il faut éviter les pilastres, parce qu'ils tiennent trop de place, à moins que

15

l'on ne veuille faire ouvrir ces pilastres en forme
d'armoires, pour y serrer certains livres ou des
manuscrits.

Il y a des bibliothèques dont les devantures
sont fermées avec des portes, lesquelles ne sont
que des bâtis ornés de moulures, dans lesquels,
au lieu de panneaux, on met des treillis de fer
de laiton, pour empêcher qu'on ne touche aux
livres.

Il y a plusieurs manières de décorer les grandes bibliothèques; la première, de faire deux
corps l'un sur l'autre, séparés par une corniche
qui sert de trottoir pour atteindre au second
corps, comme à la bibliothèque du roi à Paris.

La seconde manière est de les faire d'un seul
et même corps, de la hauteur de la pièce; mais
on ne peut alors atteindre aux tablettes élevées,
que par le moyen d'une échelle.

La troisième manière est de diviser le corps de
la bibliothèque en deux parties, sur la hauteur,
dont la partie du bas est en forme d'appui saillant, sur lequel on peut monter pour atteindre
à tous les rayons de la bibliothèque; mais la
grande saillie, que l'on est obligé de donner à
ces appuis, rétrécit beaucoup une pièce et fait
même un assez mauvais effet.

Il ne faut pas faire joindre les corps dans les
angles, surtout lorsqu'on est borné par la place.
Il est assez ordinaire d'y pratiquer un pilastre
ouvrant en tour creuse, afin de profiter de l'angle qui reste entre ces corps.

On a coutume de terminer le dessus des bibliothèques par une corniche de menuiserie, ou par la corniche même du plafond, laquelle doit être d'une grandeur et d'une richesse relatives à celles de ces bibliothèques.

Il y a des bibliothèques où l'on fait porter les tablettes et les montans contre le mur, mais il vaut mieux sans doute y mettre des planches unies, ou des assemblages à panneaux arrasés, pour garantir les livres de la poussière et de l'humidité.

Les tablettes seront ornées d'une moulure sur l'arète, et cette moulure excédera de toute sa saillie les derrières des chambranles ou des bâtis.

La distribution des tablettes doit se faire relativement à la grandeur et à la forme des livres qu'elles reçoivent.

Il y a différentes manières de poser les tablettes, savoir :

1°. Celle de les poser sur des tasseaux.

2°. Celle de les assembler à tenons et mortaises, dans les côtés et les montans.

3°. Celle de les poser sur des tasseaux avec des crémaillères ou crémaillées, en terme d'ouvriers; ce qui donne la facilité de hausser ou baisser les tablettes.

Les crémaillères se font ordinairement avec du bois de hêtre; elles doivent avoir depuis 6 lignes jusqu'à un pouce d'épaisseur, sur 12 à 18 lignes de largeur, afin de pouvoir y tailler des dents, pour recevoir le bout des tasseaux.

Ces dents doivent avoir 5 lignes de profondeur sur 7 lignes de hauteur aux plus petites crémaillères, et 7 lignes de profondeur sur environ 10 lignes aux plus grandes.

Pour donner plus de solidité aux dents des crémaillères, on laisse environ une ou 2 lignes de bois plein à leurs extrémités.

On pourrait ainsi donner de la force en les taillant en doucine.

On fait les crémaillères de deux manières ; la première est de les corroyer par tringles, de la largeur et de l'épaisseur nécessaires, puis d'y faire les dents, en·donnant à chacune un coup de scie pour la partie horizontale de chaque dent, et en abattant le reste avec le ciseau.

La seconde manière est de prendre des planches de toute leur largeur, mises d'une épaisseur égale à la largeur des crémaillères qu'on veut faire ; ensuite, à la hauteur de chaque dent, donner un coup de scie à travers la planche, à la profondeur des dents ; après quoi on hache toutes les dents, et on les recale à bois de travers, avec une espèce de bouvet ou guillaume en pente. Quand les dents sont ainsi taillées au travers des planches, on refend ces dernières à l'épaisseur de chaque crémaillère, ce qui demande beaucoup d'attention.

Les crémaillères s'attachent avec des vis sur les côtés et sur les montans des bibliothèques. On a soin d'enterrer les têtes des vis à celles du devant.

Lorsque les tablettes des bibliothèques sont d'une certaine longueur, on les soutient d'espace en espace par des montans, qui peuvent être recouverts par de faux dosserets de livres, qui s'appliquent dessus.

L'épaisseur des tablettes varie depuis un pouce jusqu'à 2, selon qu'elles ont plus ou moins de portée.

On termine ordinairement le bas des bibliothèques par une pinthe au dessus de laquelle on fait affleurer le fond de la bibliothèque. Ce fond doit être assemblé à tenons et mortaises, avec les côtés et les montans.

Si les travées de bibliothèques sont d'une certaine largeur, on doit mettre des lambourdes à ces fonds, pour les empêcher de se tourmenter.

MENUISERIE D'ÉGLISE.

Buffet d'orgues.

Un buffet d'orgues s'entend de toute la menuiserie qui sert à contenir ce grand instrument.

Il y a trois espèces de buffets d'orgues; savoir, les grands, les moyens et les petits.

Les grands ont trois parties; savoir, 1º un pied ou massif; 2º une montre composée de plates-faces et de tourelles, 3º un bâtis ou coffre de menuiserie.

Au devant et à quelque distance du grand buffet d'orgues, est placé un plus petit que l'on nomme positif, lequel est aussi composé, comme les autres buffets, de tourelles et de plates-faces.

Ce petit buffet ou positif n'a point de massif; et ses tourelles posent au nu du sol de la tribune, quelquefois même, descendent en contre-bas, en forme de pendentifs.

Les moyens buffets d'orgues sont ceux composés d'un massif et d'une montre, ainsi que les grands, mais sans pendentifs.

Enfin les petits, à l'usage des petites églises, sont des espèces de positifs, lesquels n'ont point de massif.

Ces trois espèces de buffets sont entourées de menuiserie de toute part, pour garantir, soutenir et conserver l'intérieur de l'orgue.

On pratique, dans les derrières et par les côtés de ces buffets, des portes d'une grandeur suffisante, pour donner la liberté d'entrer et de travailler dans l'intérieur.

Le pied ou massif d'un orgue est le corps de menuiserie servant à élever la montre, dans la hauteur duquel sont placés les claviers des pédales, les claviers à la main, les registres, les abrégés, et tout le mécanisme intérieur de l'instrument.

Ce massif sert encore de soubassement à toute la face de l'orgue; c'est pourquoi il faut, autant qu'il est possible, que sa hauteur, y compris la corniche qui le couronne, ne passe pas les deux tiers ou environ de la hauteur de la montre qui doit dominer.

Les tourelles sont des parties de la montre qui

saillent du nu du devant de son bâtis et forment un demi-cercle par leur plan.

La corniche, qui couronne le massif du buffet d'orgues, doit tourner au pourtour des tourelles et leur servir de base. Le dessous de ces corniches est terminé à l'endroit de chaque tourelle par des culs-de-lampes, ou soutenu par des consoles.

Le dessus des tourelles est couronné par un entablement d'une hauteur proportionnée à celle des tourelles, c'est à dire d'un sixième au plus, et d'un dixième au moins, de la hauteur de la tourelle.

Cet entablement tourne autour du corps de la tourelle, excepté par derrière. Le dessus est terminé par des amortissemens de figures ou de trophées.

Les plates-faces sont les parties de la montre comprises entre les tourelles et arasées au corps du buffet d'orgues. Leur hauteur, moindre que celle des tourelles, n'est presque jamais terminée de niveau, parce que la traverse du haut suit la pente que forme la diminution graduelle des tuyaux.

On termine le haut des plates-faces par des traverses chantournées et taillées d'ornement, ordinairement percées à jour, qu'on nomme, pour cette raison, *claires-voies* ou *clair-voir*.

Le bout des tourelles, immédiatement au dessous de l'entablement, se termine aussi par des claires-voies dont l'usage est le même qu'aux plates-faces.

Le diamètre intérieur des claires-voies des tourelles doit être égal à celui du socle qui porte les tuyaux, afin que ces derniers soient toujours d'à-plomb.

On donne différentes formes aux buffets d'orgues. Il en est de droits sur leur plan, d'autres d'une forme ronde, d'autres carrés, d'autres creux, d'autres en S, ou avec des ressauts.

Il y a des inconvéniens de les faire trop bomber dans leur milieu, parce que cette forme éloigne trop le sommier.

Le massif d'un buffet d'orgues est ordinairement orné de pilastres et de panneaux, lesquels répondent aux tourelles et aux plates-faces de la montre, et tombent aplomb de ces dernières.

Le milieu du massif est occupé par une ouverture qui sert à placer les claviers et les registres de l'instrument.

Le massif est couronné par un entablement régulier : ce massif est, pour le reste, formé par des panneaux de menuiserie, assemblés à petits cadres ou à moulures simples.

Le pourtour du dessus du buffet est fermé de menuiserie, ainsi que le massif. On y fait, par derrière, des portes sur toute la largeur, d'environ 2 pieds de large chacune. Le bas de l'ouverture de ces portes doit se trouver au niveau du dessus de l'architrave du massif, vis à vis les sommiers.

Si le buffet d'orgues est très grand, on fait des tourelles au lieu de panneaux fixes.

On ferme aussi par des plafonds le dessus des buffets d'orgues.

Quant à la grandeur des tourelles, elle est déterminée par celle de l'orgue, ou plutôt par les plus grands tuyaux de la montre.

Il faut observer que l'intérieur d'un buffet d'orgues soit uni de tout côté, et sans aucune partie saillante.

On nomme *carcasse* le bâtis d'un buffet d'orgues. Elle est composée de montans et de traverses; et, dans les grands buffets, elle est séparée en deux parties sur la hauteur.

En général, un buffet d'orgues, du côté de la montre, est composé de montans qui portent sur le sol de la tribune, et qui sont assemblés en chapeau dans la traverse qui porte l'architrave dans toute la largeur du buffet.

L'ouverture ou la fenêtre du milieu du massif doit avoir 6 pieds de haut sur 3 pieds de large. On y place une traverse dont le dessus, à la hauteur de 3 pieds, sert pour les claviers à la main.

La traverse qui porte la corniche s'assemble avec celle qui porte l'architrave, par des montans qui, de hauteur, ont la largeur de la frise, et que l'on place à l'aplomb de chaque montant des tourelles.

L'espace qui se trouve entre la frise, la corniche et le montant, reste vide, ou, pour mieux dire, la frise se lève pour pouvoir travailler aux sommiers, et on ne fait pas de feuillures pour soutenir les frises rapportées, mais on y met des taquets rapportés de distance en distance, afin de ménager la largeur.

Les entablemens des massifs qui soutiennent les tourelles se rapportent en trois parties ; savoir, l'architrave, la frise et la corniche.

L'architrave et la corniche s'assemblent à clefs, dans les traverses droites du bâtis, et ces clefs passent dans des mortaises.

On peut aussi soutenir la masse des tourelles par des barres de fer qu'on entaille et attache, tant dessous l'architrave que sur le pilastre qui se trouve au dessous. Cette barre est cachée par les ornemens qu'on met au dessous des tourelles.

Comme les frises des tourelles se lèvent, on les fera de bois évidé, selon leur cintre, et on les construira de plusieurs pièces de bois assemblées à traits de Jupiter.

La corniche et l'architrave qui portent les tourelles se font en plein bois, à moins que leur hauteur ne soit trop grande.

On met, entre l'architrave et la corniche, un montant, ordinairement en fer, qui sert à soutenir la corniche.

Les tourelles restent vides de toute leur hauteur ; leurs montans sont assemblés dans le bout d'en bas, dans la corniche du massif, et par le haut dans l'entablement, lequel est bâti d'une seule pièce, en sorte qu'il couronne toute la tourelle, tant sur la largeur que sur la profondeur qui est égale à celle de l'orgue.

Les claires-voies des tourelles entrent à bois

de bout dans le dessous de l'entablement, et à feuillures sur les montans auxquels elles affleurent en dedans, où elles sont attachées avec des vis.

Comme les claires-voies des plates-faces sont souvent très larges et ont beaucoup de retombée, on les fait de plusieurs morceaux, afin qu'elles soient moins sujettes à se fendre. Il est bon aussi de garnir ces claires-voies de toiles, ainsi que celles des tourelles, afin de les rendre plus solides.

Il y a des buffets d'orgues qui non seulement, sont cintrés sur le plan, mais même sur l'élévation, et dont le bas des tourelles et des plates-faces n'est pas de niveau. Alors il est à propos de rapporter le lambris du massif sur la carcasse du bâtis, qu'on fait monter de fond avec des traverses; et on lie toutes les parties avec des bandes de fer entaillées dans l'épaisseur des bois, et attachées avec des vis.

Quand les côtés des buffets d'orgues sont en porte à faux, ce qu'ils excèdent du massif est porté par des courbes cintrées en S, qu'on assemble d'un bout dans la traverse que porte l'architrave, et de l'autre dans le montant du massif.

La traverse du bas du bâtis des portes, qu'on ait régner à la hauteur du dessus de l'architrave, doit être d'une seule pièce, ou du moins alongée à traits de Jupiter.

A 18 pouces environ plus bas que cette traverse, règne un plancher de toute la largeur de l'orgue, qui est porté sur des chevrons, s'appuyant, d'un bout, dans le mur, et, de l'autre, sur le montant du bâtis : ce plancher sert aux facteurs d'orgues pour travailler ou pour accorder cet instrument.

Enfin, quelque soin qu'on ait pris pour rendre solide la menuiserie d'un buffet d'orgues, on doit encore en assurer les assemblages par des équerres et des liens de fer, et la masse entière par des tirans et de fortes barres de fer, placés en plusieurs sens.

Il a été parlé du buffet d'orgues dans la description de cet instrument, et l'on peut y avoir recours, ainsi qu'à plusieurs articles concernant l'orgue dans le vocabulaire de l'*Art des Instrumens de Musique*, tome *IV*, *partie première de ce Dictionnaire des Arts.*

Menuiserie ou plutôt charpente à la Philibert-de-l'Orme.

Philibert-de-l'Orme, architecte habile de Catherine de Médicis, est l'inventeur d'un système de charpente d'une légèreté et d'une économie fort remarquables ; ce sont ordinairement des menuisiers qui l'exécutent en bois de petit échantillon, dont ils forment des arcs très solides d'un développement pour ainsi dire arbitraire.

C'est suivant ce système que la Halle aux Farines de Paris fut couverte, en 1786, d'un dôme ou coupole exécuté par ROUBO fils, à qui nous devons le meilleur traité qui ait été publié sur l'art du menuisier. Ce bel ouvrage, qui faisait l'admiration de tous les connaisseurs, fut consumé par un incendie en 1802.

La coupole de Roubo avait 126 pieds de diamètre et 100 pieds de hauteur perpendiculaire.

On assemble les diverses pièces qui entrent dans la composition des ouvrages de cette espèce de menuiserie, soit avec des clous rivés, des boulons, et le plus souvent avec des clefs retenues en place par des coins.

De la manière de poser la menuiserie.

Après avoir parlé de la construction des ouvrages de menuiserie ; il faut faire des observations sur la manière de les poser.

On ne doit jamais poser de la menuiserie sur des murs nouvellement faits, ou avant d'en avoir fait sortir l'eau. Mais comme on n'a pas toujours le temps d'attendre que les plâtres soient desséchés, on a imaginé quelques moyens de prévenir l'effet de l'humidité qui ferait travailler le bois.

Ces moyens sont de laisser quelque distance entre la menuiserie et les murs qui viennent d'être construits ; un autre moyen est d'imprimer le derrière des lambris de deux ou trois couches de grosses couleurs à l'huile.

On prévient encore en partie les accidens des

murs humides en garnissant le derrière des panneaux et des bâtis avec de l'étoupe trempée dans du goudron chaud, ou en y collant avec de la colle-forte des bandes de grosse toile, ou de nerfs de bœufs battus.

Quant à la manière de poser les croisées, il faut auparavant faire faire, par un maçon, des entailles dans le tableau de la croisée, pour y sceller les pièces d'appui et les impostes.

Quelquefois on se contente de couper la saillie des pièces d'appui et les impostes au nu des tableaux.

Le tableau étant disposé, on met la croisée en place et d'à-plomb sur tous les sens, ayant soin que la saillie des dormans soit bien égale des deux côtés du tableau.

Il faut faire ferrer les croisées avant de les poser, et lorsque le dormant est en place, on y met les châssis à verres.

Les croisées s'arrêtent avec des pattes à plâtre que l'on scelle dans les embrasemens, et qu'on attache avec des clous sur le dormant.

Lorsqu'il y a du jeu entre les croisées et le fond des feuillures, on remplit le vide avec du plâtre dans lequel il est nécessaire de mettre moitié de poussière pour empêcher qu'il ne se gonfle, et ne pousse trop le dormant.

Les doubles croisées se posent de même ; et quand on veut qu'elles se lèvent en été, on les arrête avec des crochets de fer qui sont scellés dans les tableaux ; ou si l'on ne veut ôter que les châssis, on arrête les dormans avec des pattes coudées scellées en dehors de la croisée, ou avec des pattes à vis coudées scellées dans le tableau, ou avec des vis coudées à écrous, lesquelles passent au travers des dormans et se serrent par dehors.

Dans la pose des portes, tant grandes que petites, il faut avoir soin que les deux vantaux soient bien d'à-plomb et bien dégauchis l'un avec l'autre ; on doit ne laisser qu'un quart de pouce de jour sur la hauteur, parce que la pesanteur des vantaux les fait bientôt retomber et leur donne suffisamment de jeu.

Quand on veut sceller une porte cochère, on a l'attention de la caler tant par dessous que par les côtés, et de n'ôter les cales que vingt-quatre heures après le scellement, afin que le plâtre ait le temps de prendre.

Avant de poser les portes à placards dans un appartement, on doit d'abord tirer l'alignement du milieu de l'enfilade, et l'aplomb du niveau de la corniche, laquelle doit régner avec le devant du chambranle ; ensuite on pose le chambranle qui porte les portes, en observant une ligne de jeu au moins.

Quand les placards sont à deux vantaux, on met les deux battans des chambranles bien d'à-plomb sur le champ ; et on leur donne un peu de refuite sur le plat, pour faciliter l'ouverture des portes.

Si les placards ne sont qu'à un vantail, il faut donner de la refuite au battant sur lequel la porte est ferrée, tant sur le plat que sur le champ. Une ligne par toise est suffisante à cet égard.

Lorsque les baies sont de bois apparent, on attache les chambranles avec des broches qui passent au travers, ou avec des pattes à vis, dont l'extrémité est percée de plusieurs trous et qu'on arrête avec des clous sur les poteaux de la baie.

Quand les baies sont de maçonnerie, on arrête les chambranles avec des pattes à vis coudées, lesquelles sont scellées dans l'épaisseur du mur.

Les doubles chambranles sont arrêtés avec des broches lorsque les baies sont en bois, et lorsqu'elles sont en plâtre, on y met des pattes à vis droites qu'on place diagonalement sur le derrière du chambranle, et que l'on scelle par le côté.

Les embrasemens des portes sont simplement retenus dans les chambranles par des languettes et quelquefois arrêtés avec des vis.

Avant de poser les lambris d'appui, on commence par descendre les aplombs de tous les angles des corniches, afin de faire les languettes et les rainures de ce même lambris, puis on le met de nouveau sur sa largeur.

Cela fait, on le met à la hauteur convenable, en coupant le pied suivant les irrégularités du plancher, ce qui se fait par une *traînée*, c'est à dire par un trait de compas mené parallèlement, en appuyant une de ses branches sur le plancher et en faisant marquer l'autre sur le bois.

On attache ce lambris le long du mur, de distance en distance, par le milieu des battans, en observant de le bien dresser sur tous les sens.

Le lambris étant ainsi arrêté, on ajoute les cymaises dessus, en les faisant joindre contre le mur. Les cymaises s'arrêtent sur le lambris avec des pattes à pointe que l'on fait entrer dans le mur ou dans des pieds de bois.

On attache les plinthes sur le lambris d'appui avec des clous d'épingle ; on les met de largeur en les faisant joindre exactement au plancher, soit qu'il soit droit ou inégal.

Quand il y a des lambris de hauteur, on ajuste d'abord celui d'appui du dessus de la cymaise, et, de là, on prend des mesures pour celui de hauteur, et on le met en place après avoir coupé le pied du lambris d'appui d'environ 6 lignes, afin de pouvoir faire une pesée dessous le lambris d'appui, laquelle le fait remonter à sa place, et force celui de hauteur à joindre sous la corniche.

Les lambris s'arrêtent sur les murs avec des broches ou bien avec des vis ; et pour cette dernière manière, on fait sceller dans les murs des morceaux de bois qu'on nomme *tampons*, et qui sont taillés à queue d'aronde sur leur épaisseur. On fait saillir ces tampons lorsque les lambris sont isolés des murs.

Les chambranles des croisées se posent de même que ceux des portes. S'ils affleurent le nu des embrasemens, on les arrête avec des coudées à pointe, ou par les côtés avec des pattes à plâtre, ou sur le devant avec des vis qui pénètrent les embrasemens.

On doit toujours enterrer les têtes des vis et les recouvrir avec un tampon à bois de fil, c'est à dire du même sens que celui du bois.

Pour attacher les parquets des glaces des cheminées, on se sert de vis à écrou nommées *vis à parquet de glace*. Ces vis, qui ne sont point apparentes, se placent dans les traverses du parquet, dans lesquelles leur tête est entaillée à fleur.

Les glaces doivent être posées parfaitement d'à-plomb et bien parallèlement à la rencontre l'une de l'autre.

Quand on se sert de vis à écrou dans les bibliothèques et autres ouvrages de menuiserie de bâtiment, on assemble le battant et la traverse que l'on veut retenir, on y perce un trou de la grosseur de la vis. Ce trou passe dans la traverse, au milieu de l'épaisseur du tenon, du moins autant qu'il est possible, et on le prolonge de 3 à 4 pouces plus loin.

On désassemble ensuite la traverse, et du côté le moins apparent on fait, à environ un pouce et demi ou 2 pouces de l'arasement, une mortaise carrée, dont la largeur est en travers de la traverse et égale à celle de l'écrou. On approfondit cette mortaise jusqu'à ce que le trou de l'écrou soit vis à vis de celui percé dans la traverse.

L'écrou étant bien en place, pas trop enfoncé, on bouche le dessus de la mortaise avec un tampon à bois de bout que l'on y colle.

Il est des occasions où l'on fait usage d'écrous
saillans que l'on attache alors sur le derrière de
la traverse.

Des ferrures nécessaires au menuisier en bâtimens.

Les ferrures nécessaires au menuisier en bâtimens sont les *clous* de toute espèce, tant à
têtes rondes qu'à têtes plates, à bois ou à écrou ;
les *pattes* à lambris, appelées *petites pattes,* les
pattes à pointes, les pattes à vis à bois et à
écrou de toute longueur, les pattes à plâtre, à
pointes ou à vis droites et coudées, les *plates-
bandes* courbes et droites et les *équerres* de fer,
lesquelles servent à lier les différentes parties de
menuiserie et à en fortifier les joints.

Les clous sont assez connus ; nous dirons seulement que les *clous à tête plate* sont ceux dont
la tête d'une forme oblongue les rend propres
pour attacher les parquets, les planchers et
tout autre ouvrage de menuiserie où l'on veut
que la tête des clous ne soit pas trop apparente.

Les menuisiers se servent aussi des clous d'é-
pingle faits de fil d'archal, et coupés de différentes longueurs.

Les broches sont des espèces de clous ronds
qui n'ont point de tête saillante. Il y a des broches depuis 2 pouces jusqu'à 6 et même 8 pouces.

On trouve des *vis* de toute longueur et grosseur selon les différens besoins ; il y en a depuis
3 lignes de longueur jusqu'à 4 et même 6 pouces, tant fraisées qu'à têtes rondes.

Il y a trois espèces de *vis à écrou*, savoir : celles qui sont à têtes carrées ; celles à têtes rondes dont le milieu est percé d'un trou en forme de piton, et celles à têtes rondes ou plates. L'usage de ces vis à écrou est de serrer les assemblages des bois de lits, des armoires, et de tous ouvrages sujets à être démontés. Les têtes de ces vis ne portent pas immédiatement sur le bois, mais elles en sont séparées par une rondelle ou plaque de fer, au travers de laquelle elles passent.

Il est encore une autre espèce de vis à écrou que l'on nomme *vis à parquet de glace*, laquelle a la tête ronde et plate et fendue par le milieu. Les écrous de ces vis sont longs de 2 à 3 pouces et ont deux branches recourbées dont les bouts sont fendus et recourbés pour être scellés.

Les pattes sont composées d'une tige ou pointe, d'une tête et d'un collet ; la tête des pattes est plate, mince et droite avec un des côtés de la tige, afin de bien porter sur le bois ; le collet ou mentonnet est du côté opposé, et a d'épaisseur ce que la tige a de plus que la patte, plus une petite saillie sur laquelle on peut frapper pour l'enfoncer.

Les têtes des pattes à pointes sont percées de deux trous dans lesquels passent de petits clous ou des vis pour les arrêter contre la menuiserie. Les pattes à lambris n'ont qu'un trou à cause de leur petitesse.

Les pattes à plâtre diffèrent des autres en ce qu'elles n'ont point de mentonnet, que leur tige est plate, et que le bout de cette tige est fendue en deux et recourbée, afin de tenir plus solidement dans le plâtre.

Les pattes à vis sont taraudées d'un bout et à scellement de l'autre, ou percées de trous pour les attacher sur le bois derrière la menuiserie. Il en est encore de toute longueur, de droites et de coudées.

Il y a une autre espèce de pattes, lesquelles au lieu de vis ont une pointe recourbée en retour d'équerre, et dont l'autre bout est à scellement droit ou coudé.

Les plates-bandes et les équerres sont des bandes de fer plat, percées de plusieurs trous pour pouvoir les attacher sur la menuiserie avec des vis.

Les autres ferrures dont les menuisiers font usage sont les fiches tant à vases que celles à nœuds et à boutons ; les couplets, les charnières et les pivots, les ferrures de toute espèce, les verrouils, les targettes, les bascules, les espagnolettes, etc. : nous en parlerons plus particulièrement en traitant l'art du serrurier, parce que c'est lui qui ajuste et qui est dans l'habitude de les poser.

Du collage des bois.

Le collage des bois est une des parties essentielles de la menuiserie.

On est souvent obligé de joindre et de coller

ensemble plusieurs morceaux de bois, afin de faire un tout ou un ensemble, qu'une seule pièce ne pourrait pas fournir.

Il faut d'abord choisir des bois très secs et d'une égale qualité; et il faut faire en sorte que les fils des différens morceaux de bois qui composent une masse soient de même sens, afin que la colle prenne également partout.

Si les masses sont d'une grosseur trop considérable pour que deux morceaux puissent suffire tant d'épaisseur que de largeur, on aura soin de mettre les joints en liaison, de sorte qu'ils ne soient point vis à vis l'un de l'autre, mais que le joint d'un morceau soit vis à vis le plein de l'autre; observant d'ailleurs de rapprocher, le plus qu'il est possible, les parties tendres les unes des autres.

Pour bien dresser les joints, il est bon, après les avoir dressés à bois de fil avec la varlope, de les reprendre à bois de travers avec la varlope à petit fer ou à onglet.

Les joints ainsi préparés, on les fait un peu chauffer pour en ouvrir les pores, ensuite on étend bien également des deux côtés la colle sur les joints; on met les deux morceaux de bois l'un sur l'autre, on les frotte ensemble; enfin, après toutes ces précautions, on serre et arrête les joints, par le moyen des valets ou des sergens, et l'on applique dessus des cales, dont le fil est en sens contraire, lesquelles doivent être un peu creuses, afin que la pression du valet les faisant ployer, elles serrent toujours sur les bords.

Pour joindre et coller des panneaux cintrés, on ne se sert point de sergent pour en faire approcher les joints, mais l'on fait des entailles que l'on creuse de la même forme du panneau, et que l'on serre et arrête par le moyen d'un coin.

Comme souvent les parties cintrées sont trop creuses pour qu'on puisse arranger leurs traverses d'un seul morceau, on les fait alors de plusieurs pièces tant sur leur longueur que sur leur largeur que l'on colle en flûte l'une sur l'autre.

On les fait aussi de plusieurs pièces sur leur largeur en ajoutant les joints en liaison, c'est à dire à contre-sens l'un de l'autre, afin de les rendre plus solides.

Manière de prendre les mesures.

Les menuisiers se servent de toise pour prendre leurs mesures ; cette toise est une règle de 6 pieds de longueur divisée par pieds, et une de ces divisions par pouces.

Il y a des menuisiers qui ne se servent point de toise, mais seulement d'une règle d'une longueur quelconque sur laquelle ils marquent leurs mesures.

Il y aussi de ces règles plus longues qu'une toise pour prendre des mesures de hauteur, et ces règles ont ordinairement une longueur de pieds juste, comme 9, 12 ou 15 pieds.

On fait encore usage d'une autre espèce de règle,
qu'on nomme *toise mouvante*, laquelle est composée d'un morceau de bois d'environ 15 lignes
d'épaisseur, sur 3 pouces de largeur; ce morceau
est fouillé, dans le milieu de sa largeur, par
une rainure, laquelle est à queue de 15 lignes
de large au plus étroit, sur 8 à 9 lignes d'épaisseur : dans cette rainure, entre une autre règle,
laquelle la remplit exactement, de sorte néanmoins qu'elle puisse se mouvoir facilement.

Quand on veut prendre une hauteur avec
cette règle, on fait remonter la règle jusqu'à
cette hauteur, et l'on voit tout d'un coup combien cette dernière a de pieds, puisque les deux
règles sont également divisées.

Lorsqu'on se sert d'une simple règle pour
prendre des mesures, il faut avoir soin de marquer les largeurs autrement que les hauteurs,
afin de ne pas se tromper.

Si la règle n'est pas assez longue pour avoir
une mesure, on prend d'abord sa longueur,
puis ce qui reste d'après son extrémité jusqu'à
l'endroit qu'on veut mesurer. Ce restant se marque
sur la règle, mais en sens contraire des mesures
ordinaires avec le chiffre 1 ou 2, ce qui indique
que la partie mesurée a une ou deux fois la longueur de la règle, plus ce qui est marqué dessus.

Avant de prendre aucune mesure, il est bon
d'observer si la place est bien d'à-plomb et de
niveau : si elle ne l'est pas, on remarque de
quel côté est le défaut, afin d'y remédier en
faisant l'ouvrage.

Il faut prendre la mesure des croisées d'entre le tableau, tant de largeur que de hauteur, et non du fond des feuillures, parce qu'elles sont très souvent inégales.

On prend la mesure des carreaux suivant la grandeur des verres qu'on doit employer, et qui varient suivant les manufactures.

Pour prendre les mesures des lambris, tant d'appui que de hauteur, on doit jeter des aplombs des corniches, afin de corriger les défauts des murs.

La mesure des portes est facile à prendre: C'est toujours de leurs tableaux qu'il faut partir, plus leur recouvrement dans leurs feuillures, lorsqu'il s'agit de portes cochères ou d'autres petites portes qui entrent dans des huisseries.

Pour les placards avec chambranles, ce ne doit pas être les baies qui doivent en déterminer la mesure, puisque ces baies ne sont pas toujours faites d'une grandeur à pouvoir contenir des placards d'une grandeur relative à celle de la pièce.

Quand il y a plusieurs pièces d'enfilade, on tire une ligne d'un bout à l'autre des appartemens, afin de déterminer le milieu de chaque placard, tant sur les murs au dessus de la baie des portes, que sur le parquet; et d'après cette ligne, on marque sur les murs, des deux côtés de la baie, la largeur du dehors du chambranle, ce qui détermine au juste la largeur des lambris.

C'est la même attention à avoir pour la mesure

des chambranles des croisées , pour le milieu des cheminées , et pour la rencontre des glaces.

Manière de marquer l'ouvrage sur le plan.

Quand on a pris les mesures de l'ouvrage que l'on veut faire, on le trace sur une planche droite et unie ; c'est ce que les menuisiers appellent *marquer l'ouvrage sur le plan.*

En général , on nomme *plan* toutes les coupes des ouvrages , tant de hauteur que de largeur. Ces coupes représentent les profils de toutes les parties, ou, pour mieux dire, la forme, l'épaisseur et la largeur des bois.

Avant de pouvoir marquer l'ouvrage sur le plan, il faut avoir déterminé d'abord sur le papier la largeur des champs, l'épaisseur des bois, la largeur et la forme des profils. Lorsque l'ouvrage est important, on en fait un dessin , soit en partie, soit en grand sur le mur ; on en fait même un modèle, afin de pouvoir mieux se rendre compte des formes et du rapport de toutes les parties les unes avec les autres.

L'ouvrage étant dessiné ou modelé, on en marque le développement pour l'exécution sur une planche ordinairement de sapin , dressée et blanchie d'une manière très unie.

On se sert de pierre noire ou rouge, que l'on nomme *sanguine* ; ou lorsqu'on n'est pas encore bien sûr du trait, on emploie d'abord la craie qui est plus facile à s'effacer.

On doit marquer la masse des profils de chaque espèce de menuiserie, soit simple, soit à petit ou à grand cadre, d'une manière différente, afin que l'ouvrier ne puisse pas se tromper.

Les profils simples se désignent par un seul champfrain.

Ceux à petits cadres par un champfrain ravalé, d'environ une ligne du nu des champs.

Pour marquer les grands cadres, on fait un champfrain par devant; et par derrière, on marque leur saillie sur les champs, avec leurs embrévemens. Si ces cadres doivent avoir une moulure sur le derrière, on y fait un petit champfrain pour l'indiquer.

Il est à propos de tracer à la pointe toutes les largeurs de champs et de moulures, ce qui est plus juste que la pierre blanche. Il faut aussi marquer bien juste toutes les feuillures et les ravalemens, ainsi que les rainures et languettes, tant des milieux que des angles qu'il faut même numéroter.

Les chambranles des portes se marquent en masses, observant seulement de marquer juste la place des rainures et la profondeur des ravalemens.

Les profils des croisées se marquent aussi en masses. Leurs petits bois se marquent tous carrés, selon leurs largeur et épaisseur. Lorsqu'ils sont à petits montans, on y fait une croix, laquelle passe par les quatre angles, ce qui indique leur coupe à pointes de diamant.

On marque aussi les feuillures des châssis à verre, ainsi que la forme du profil des impostes, celle des jets d'eau et de la pièce d'appui.

Les menuisiers marquent des élévations de leur ouvrage, surtout lorsqu'il est cintré ou orné de sculpture. Ces élévations ne sont qu'au trait sans aucune ombre, si on en excepte les ornemens.

Ces élévations se nomment *plan* et se marquent sur de grandes tables de bois de sapin ; et si l'on y trace les lignes qui ne sont que de construction pour désigner quelques joints ou quelques assemblages, on les fait d'une autre couleur que celles de l'élévation, afin de les distinguer. Quelquefois ces lignes ne se marquent qu'à la pointe.

VOCABULAIRE

EXPLICATIF

DES TERMES USITÉS CHEZ LES MENUISIERS.

—

ABATTANT. C'est un châssis de croisée ou un volet ferré par le haut, qui se lève au plancher, en s'ouvrant par le moyen d'une corde passée dans une poulie.

ABOUEMENT. Synonyme d'*arasement*.

ACROTÈRES. Ce sont des espèces de petits pieds droits, placés aux extrémités de chaque travée de balustres, pour les terminer et servir de point d'appui à la tablette.

AFFUTAGE (outils d'). On nomme ainsi les gros outils que les maîtres fournissent à leurs compagnons, comme les établis, les varlopes, les guillaumes, le feuilleret, le rabot, le ciseau, le fermoir, le valet, le marteau : chaque ouvrier doit avoir un affûtage complet.

AIS. Planche de chêne ou de sapin à l'usage de la menuiserie : on nomme les ais, *entrevous*, lorsqu'ils servent à couvrir les espaces des soli-

ves, et qu'.. ... ont la lo... ..... sur o. ou
10 pouces .. larg... et ... pouce d'épaisseur.

ALAISE. C'.. .t une planche étroite qu'on emploie pour élargir quelque chose, ou pour en
compléter la largeur.

On dit aussi qu'on met une *alaise* à un panneau, lorsqu'un certain nombre de planches
n'est pas suffisant pour faire la largeur donnée.

On dit encore un plancher d'*alaises*, c'est à
dire qu'il est fait avec des planches refendues
en deux sur la largeur.

ALETTE. On nomme ainsi les pieds d'une
niche carrée.

AMORTISSEMENT. Par ce terme on entend
tout corps d'architecture, dont la forme pyra-
midale couronne et termine heureusement,
c'est à dire avec grace, un avant-corps quelconque.

ANGLE. C'est le point de rencontre de deux
lignes, soit droites, soit courbes.

ANSE *à panier* ou *de panier*. On nomme ainsi
un cintre qui a la forme d'un demi-ovale pris
sur son grand axe.

APLOMB. Les menuisiers nomment ainsi toutes
les lignes perpendiculaires à l'horizon.

APPUI. Par ce mot on entend en général
toute partie de menuiserie disposée horizontalement, et dont la hauteur ne surpasse pas
3 à 4 pieds.

ARCHITRAVE. Partie inférieure d'un entablement qui est composé de plusieurs faces et de
moulures peu saillantes.

ARCHITRAVÉE. On nomme ainsi une espèce d'entablement dont on a supprimé la frise, et où l'architrave, dont on a supprimé la partie supérieure, est jointe à la corniche.

ARCHIVOLTE. On appelle ainsi le revêtissement extérieur d'une arcade en plein cintre. Le plafond ou revêtissement de cette même arcade se nomme aussi *archivolte*. On nomme encore ainsi les moulures et les faces qui ornent le pourtour de la partie circulaire d'une porte, d'une croisée, etc.

ARASEMENT. Extrémité d'une traverse à la naissance du tenon, laquelle vient joindre le battant à l'endroit de l'assemblage.

ARASER *un panneau* ou *une porte*, c'est à dire faire effleurer l'un ou l'autre avec leurs bâtis, de sorte qu'ils leur soient égaux d'épaisseur, d'un ou des deux côtés.

ASSEMBLAGE (menuiserie d'). On nomme ainsi la partie de l'art du menuisier, qui a pour objet la fermeture et le revêtissement des édifices, ce qui lui a fait donner aussi le nom de menuiserie de bâtiment. En général ce terme désigne tous les ouvrages de cet art, qui sont composés de plusieurs pièces assemblées à tenon et mortaise, et qui renferment des panneaux qui y entrent à rainures et languettes.

Assemblage par tenon et mortaise, c'est celui qui se fait par une entaille appelée *mortaise*, qui a d'ouverture la largeur du tiers de la pièce de bois, pour recevoir l'about ou tenon d'une autre pièce taillée de juste grosseur pour la mortaise qu'il doit remplir, et dans laquelle il est ensuite retenu par une ou deux chevilles.

Assemblage à clef. C'est celui qui, pour joindre ensemble deux plates-formes de comble ou deux moises de file de pieux, se fait par une mortaise, dans chaque pièce, pour recevoir un tenon à deux bouts appelé *clef.*

Assemblage par entaille. C'est celui qui se fait pour joindre bout à bout, ou à retour d'équerre, deux pièces de bois par deux entailles de leur demi-épaisseur, qui sont ensuite retenues avec des chevilles ou des liens de fer. Il se fait aussi des entailles à queue d'aronde, ou en triangle, à bois de fil, pour le même objet.

Assemblage par embrévement. C'est une espèce d'entaille, en manière de hoche, qui reçoit le bout démaigri d'une pièce de bois sans tenon ni mortaise. Cet assemblage se fait aussi par deux tenons flottans, posés en décharge dans leur mortaise.

Assemblage en triangle. C'est celui qui, pour enter deux fortes pièces de bois à-plomb, se fait par deux tenons triangulaires à bois de fil de pareille longueur, qui s'encastrent dans deux autres semblables, en sorte que les joints n'en paraissent qu'aux arêtes.

Assemblage carré. C'est en menuiserie celui qui se fait carrément par entailles, de la demi-épaisseur du bois, ou à tenons et à mortaises.

Assemblage à bouvement. C'est celui qui ne diffère de l'assemblage carré, qu'en ce que la moulure qu'il porte à son parement est coupée en onglet.

Assemblage en onglet, ou plutôt en anglet. C'est celui qui se fait en diagonale sur la largeur du bois, et qu'on retient par tenon et mortaise.

Assemblage en fausse coupe. C'est celui qui, étant en angle et hors d'équerre, forme un angle obtus ou aigu.

Assemblage à queue d'aronde. C'est celui qui se fait en triangle à bois de fil par entaille, pour joindre deux ais bout à bout.

Assemblage à queue percée. C'est celui qui se fait par tenons à queue d'aronde, qui entrent dans des mortaises, pour assembler carrément et en retour d'équerre.

Assemblage à queue perdue. C'est celui qui n'est différent de la queue percée, qu'en ce que ses tenons sont cachés par recouvrement de demi-épaisseur, à bois de fil et à onglet.

Assemblage à la carrossière. On appelle ainsi le joint d'un cadre auquel on ne ralonge pas de barbe à la traverse, de manière qu'on est obligé de pousser à la main un bout de la moulure du battant.

ASTRAGALE. Moulure composée d'un demi-rond fait en forme de boudin, et d'un filet au dessous. L'astragale sert à séparer le chapiteau d'avec le fût de la colonne.

ATTIQUE ou *dessus de porte.* On nomme ainsi la menuiserie dont on revêtit le dessus des portes d'un appartement, laquelle est quelquefois ornée de sculpture, ou bien est disposée pour recevoir un tableau.

Aubier. Couche de bois qui vient immédiatement après l'écorce; il est toujours plus blanc que le bois bien formé; on doit le rejeter dans les bons ouvrages de menuiserie.

Baguette. Moulure parfaitement ronde, excepté le côté où elle tient au reste de la pièce. Cette moulure s'emploie rarement seule et en accompagne toujours quelque autre.

Bain-marie (chauffer la colle au). On entend par ce terme l'action de faire chauffer la colle dans un vase de cuivre placé dans un autre plus grand, qu'on remplit d'eau, qui, en s'échauffant, fait fondre et chauffer la colle qui est dans le premier vase.

Balustre. Espèce de petite colonne d'une forme contournée, circulaire par son plan, et quelquefois carrée.

Bandeau. Corps lisse et saillant, quelquefois orné d'une moulure sur l'arète, qu'on met souvent à la place des chambranles.

Base ou *embrase*, en terme d'ouvrier, taille pratiquée à la partie supérieure du fer des outils à manche, pour appuyer ces derniers.

Base. Moulure saillante qui se pose sur les parquets des portes cochères.

Base. Partie inférieure des colonnes.

Les bases sont toujours ornées de moulures qui suivent le contour des colonnes, et sont terminées par une plinthe ou partie lisse d'une forme carrée par son plan.

BASILE, est la pente ou inclinaison du fer d'un rabot, d'une varlope, et généralement de tous les outils de menuisier qui sont montés dans des fûts, et qui servent tant à dresser le bois qu'à pousser des moulures. La pente que l'on donne à ces fers dépend de la dureté des bois : pour les bois tendres elle forme, avec le dessous du fût, un angle de 12 degrés, et pour les bois durs elle forme un angle de 18 degrés. On remarque que plus l'angle est aigu, plus il a de force, à moins que le bois ne soit si dur, qu'il ne puisse être coupé. Dans ce cas, le fer se place perpendiculairement au fût; et au lieu de couper, il gratte.

BATIS. Par ce terme, les menuisiers entendent toute la partie de leur ouvrage qui doit recevoir les cadres et les panneaux, où les panneaux seulement, (ce qui arrive quand l'ouvrage est à petit cadre); c'est pourquoi on dit, *bâtis de lambris*, *bâtis de parquets*, *etc*.

BATTANS. Par ce mot on entend toutes pièces de bois placées perpendiculairement, et dans les extrémités desquelles on fait des mortaises où viennent s'assembler les tenons des traverses, soit que ces dernières soient plus courtes que les battans, comme il arrive ordinairement, ou qu'elles soient d'une longueur égale à celle des battans, ou qu'elles soient même plus longues.

BATTANS-FEUILLURES. Ce sont ceux qui, au lieu de noix, ont une feuillure pour fermer sur les dormans.

BATTANS-MENAUX. Ceux dans les croisées qui portent les espagnolettes.

BATTANS A NOIX. Ceux qui ont une languette arrondie, laquelle entre dans une feuillure faite dans les dormans : c'est ce qu'on appelle *croisée à noix*.

BATTE A RECALER. Sert aux menuisiers à recaler ou dresser les onglets des cadres.

BATTEMENS. On nomme ainsi une partie excédante qui forme la feuillure d'une porte ou de toute autre partie ouvrante. Les battemens sont toujours rapportés d'après le nu de l'épaisseur du bois, afin de lui conserver toute sa force.

BAIE. Ouverture ou place propre à recevoir une porte, une croisée, etc.

BEC-D'ANE. Outil de fer garni d'un manche. Le bec-d'âne sert à faire des mortaises : il y en a de différentes grosseurs ; mais ils sont tous de la même forme.

BEC-DE-CANNE. Outil à fût, dont l'extrémité du fer est recourbée en forme de croissant, de manière qu'il coupe plus sur les côtés qu'autrement. Cet outil sert à dégager et à arrondir le derrière des talons et le dessous des baguettes, où la mouchette à joue ne saurait aller.

BEC-DE-CORBIN. Moulure, espèce de boudin renversé, dégagé en dessous de son talon.

BISEAU. On entend par ce terme le champfrain ou pente qu'on donne à un fer pour y faire un tranchant aigu. Le biseau se fait toujours du côté du fer qui n'a point d'acier. La plupart des fers d'outils n'ont qu'un biseau ; il n'y a que les fermoirs et quelquefois les gouges qui en ont deux.

BISTOQUET. Instrument propre au jeu de billard.

BLANC-D'ESPAGNE. Espèce de terre ou marne blanche, dont on fait usage pour terminer le poli des bois et des métaux. (Chaux carbonatée des chimistes modernes.)

BLANCHIR. Par ce terme on entend l'action de découvrir la face du bois et d'en faire disparaître les inégalités les plus considérables, sans cependant s'assujettir à le dresser et le dégauchir parfaitement, en quoi le blanchissage diffère du corroyage : de plus, le blanchissage se fait presque toujours à la demi-varlope et au rabot, et sur le plat du bois simplement.

BORDURES *de tapisserie, de tableaux, de glaces.* On nomme ainsi des tringles de différentes largeurs et épaisseurs, ornées de moulures qu'on ajuste au pourtour des tapisseries, des tableaux, etc.

BORNOYER. C'est regarder par les bords de l'ouvrage s'il est bien dressé et uni.

BOUDIN A BAGUETTE. Espèce de moulure composée d'un boudin ou tore aplati, et d'une baguette ou petite moulure ronde.

L'outil à fût qui sert à former cette moulure porte le même nom.

BOUGE. Par ce terme les menuisiers entendent qu'une pièce est bombée, soit sur la longueur, soit sur la largeur : ce terme est, parmi eux, le contraire de creux ; c'est pourquoi ils disent

télle chose est cintrée en creux, ou bien en
bouge.

BOUVEMENT ou *bouement simple*, moulure
composée de deux parties de cercle disposées
à l'inverse l'une de l'autre, et d'un filet.

L'outil à fût, qui forme cette moulure, porte
le même nom.

Bouvement ou *doucine à baguette*, moulure et
outil semblable à ceux ci-dessus, à l'exception
de la baguette, qui est de plus, et qu'il y a deux
fers à l'outil, l'un qui forme la doucine et l'autre la baguette.

BOUVET, outil composé d'un fer et d'un fût,
dont la partie qui pose sur le bois est saillante
en forme de languette, afin qu'en le poussant
sur ce dernier, il y fasse une cavité nommée
rainure. Ces sortes de bouvets sont de différentes
grosseurs et ont tous des joues ou conduites
au bas de leur fût, afin de les appuyer contre
le bois, et que les rainures qu'on fait avec
soient toujours bien parallèles avec le devant de
la pièce.

Les *bouvets* propres à joindre des planches
ensemble sont deux outils séparés dont l'un
fait la rainure et l'autre la languette. Quand
les planches n'ont que neuf lignes d'épaisseur
au plus, les bouvets qui servent à les joindre
se nomment *bouvets à panneaux*, lesquels diffèrent de ceux dont je viens de parler, en ce que
le fer qui fait la rainure et celui qui fait la languette sont montés sur le même fût, l'un d'un
côté et l'autre de l'autre, en sens contraire.

Il est encore une autre espèce de bouvets qu'on nomme *bouvets de deux pièces*, parce que son fût est composé de deux pièces sur l'épaisseur, dont l'une, qui porte le fer, est assemblée avec deux tiges qui passent au travers de la seconde pièce qui sert de joue au bouvet, de sorte qu'on peut, avec cet outil, faire une rainure à telle distance du bord de la pièce qu'il est nécessaire, du moins autant que peut le permettre la longueur des tiges.

Les autres bouvets prennent différens noms, suivant leurs usages; on les nomme *bouvets à ravaler, bouvets à coulisse, à embréver, à dégager.*

BRISURE ou *joint à rainure et languette*, dont les arètes intérieures sont arrondies, de manière qu'elles puissent se séparer aisément; c'est pourquoi on dit *la brisure d'une table, d'une porte, d'un guichet.*

BROUTER. On dit qu'un outil broute, lorsqu'au lieu de couper le bois vif et facilement, il ne fait que ressauter dessus; ce qui en rend la surface mal unie.

BRUNISSOIR. Outil d'acier à manche, dont la coupe est à peu près de la forme d'une olive : il est diminué sur sa longueur, en venant à rien à son extrémité supérieure. Cet outil doit être poli et très dur : on s'en sert pour polir le cuivre et en effacer toutes les inégalités.

BURIN. Outil d'acier d'environ une ligne et demie de grosseur, lequel est carré, ou quelquefois losange par sa coupe : il est affûté d'angle en angle, et monté dans un petit manche de bois, dont un côté est aplati.

Burin à bois. Outil d'acier à manche, dont le fer un peu courbe est d'une forme triangulaire par sa coupe, et évidé en dessus dans une partie de sa longueur.

CADRE. Ornement que forme l'entourage d'un profil sur une partie de menuiserie quelconque, à laquelle il donne un caractère distinctif ; c'est pourquoi on dit que la menuiserie est à grand ou à petit cadre, selon la forme de ces derniers.

On dit aussi *cadre ravalé*, *cadre embrévé*, *cadre à plate-bande.*

CALIBRE. Courbe ou modèle d'un cintre, servant à tracer ce dernier autant de fois qu'on le juge à propos. On nomme *calibre ralongé*, celui qui est tracé par des points de projection pris sur le plan horizontal d'une courbe, et renvoyé sur un autre plan dont la longueur est donnée par l'obliquité ou rampant de l'élévation de cette même courbe, dont l'épaisseur est toujours la même, tant sur le plan horizontal que sur son calibre ralongé, du moins en suivant les équerres de la pièce.

CANNELURE. On appelle ainsi une cavité d'une forme demi-circulaire ou approchante, faite dans l'épaisseur du bois.

On nomme aussi *cannelures* des cavités dont on orne le fût des colonnes.

Cannelures (machine propre à faire les). Elle est composée de deux jumelles et de deux collets, dans lesquels la pièce à canneler est assujettie.

CARRÉ ou *filet*. Partie lisse et plate qui sert à couronner, ou pour mieux dire, à séparer les moulures.

CARREAU EN MENUISERIE. C'est un petit ais carré de bois de chêne, dont on prépare autant qu'il en faut pour remplir la carcasse d'une feuille de parquet.

CATHÈTE. Petit carré sur l'angle, dans lequel sont les différens points de centre de la volute ionique.

CAUSSINÉ (bois); celui qui, après avoir été bien dressé, s'est déjeté et est devenu gauche.

CHAMBRANLE. Partie de menuiserie le plus souvent ornée de moulures, dont on revêt extérieurement les baies des portes, et sur laquelle les vantaux sont ferrés.

Il y a aussi des chambranles de croisées.

On fait encore des chambranles pour revêtir la face extérieure d'un manteau de cheminée; mais ils sont peu d'usage à présent.

CHAMBRANLE. En architecture, c'est un corps saillant orné de moulures, qui entoure l'extérieur d'une ouverture quelconque.

CHAMPS. On appelle de ce nom les parties lisses et unies qui forment les bâtis autour des cadres et des moulures de toute espèce de menuiserie, lesquels, en donnant du repos à l'ouvrage, en marquent d'une manière sûre les formes bonnes ou mauvaises.

On appelle aussi *champ* ou *cham*, la partie la plus étroite d'une pièce de bois.

CHAMPFRAIN (abattre en). Par ce terme on

entend l'action de mettre hors d'équerre ou biais l'arête d'une pièce quelconque.

CHANTOURNEMENT. Par ce terme on entend les sinuosités que forment les différens cintres dont on orne la menuiserie; c'est pourquoi on dit *chantourner une traverse*, *un panneau*, etc., ce qui se fait par le moyen de la scie à tourner ou à chantourner, du ciseau, de la râpe à bois et du racloir.

CHAPITEAUX. Parties supérieures des colonnes: les chapiteaux sont différens, suivant les ordres.

CHAPITEAUX. Des pilastres ioniques et corinthiens, différens de ceux des colonnes.

CHASSE-BONDIEU. C'est un morceau de bois long et aplati d'un bout, avec lequel les scieurs de long enfoncent le coin qu'ils nomment bondieu.

CHASSE-POINTE. C'est une broche de fer recourbée en équerre.

CHASSER *à force*. C'est frapper une cheville ou autre chose jusqu'à ce qu'elle ne puisse plus entrer sans rompre le bois.

CHASSIS. On appelle ainsi tout bâtis de menuiserie, dont l'intérieur n'est pas rempli par un panneau; c'est pourquoi on appelle *châssis à verre* les deux vantaux d'une croisée.

CHEVRETTES. Nom du châssis qui est assemblé sur le sommier, au haut de la scie du scieur de long.

CHEVRON. Pièce de bois de 3 pouces carrés sur 6, 9, ou même de 15 pieds de longueur.

Cintre plein ou *plein cintre*. On donne ce nom à un cintre qui forme un demi-cercle parfait.

Cintre surhaussé. On nomme aussi un cintre qui représente un demi-ovale pris sur son petit axe ou diamètre.

Cintre bombé. On nomme ainsi un cintre dont la courbure est une portion de cercle.

Cintre en S. Celui qui est mixte et composé d'une partie creuse et d'une partie bombée, disposées en contre-sens l'une sur l'autre.

Cire a polir. C'est ordinairement un composé de cire jaune et de suif, du moins pour les ouvrages communs; cependant il vaut mieux ne se servir que de la cire jaune toute seule, et même de bonne cire blanche, lorsqu'on veut faire un beau poli.

Claveau. Pièce de bois disposée en biais, de manière qu'elle tende au centre d'une arcade

Claveau. C'est la pièce du milieu d'une arcade qu'on fait saillir sur la face de cette dernière en tendant à son centre; quelquefois ces claveaux sont ornés de sculpture, soit en forme de console ou autre.

Clefs. Espèce de tenons de rapport, qu'on place sur le champ dans les planches des portes pleines, avec lesquelles on les cheville pour en retenir les joints.

Clous. Chevilles de métal ayant une tête plate ou bombée; il y en a de deux sortes principales : 1º ceux qui sont forgés à chaud; ils sont en fer et leur tige est carrée et pointue ; 2º les clous

qu'on fabrique à froid en fil de fer ou de cuivre ;
on les appelle communément *clous d'épingle.*

Col. On nomme ainsi la partie supérieure du
fût d'un balustre.

Colifichet. Petite pièce de bâtis de parquet.

Collage des bois. Par ce terme on entend
l'art de joindre et lier ensemble, par le moyen
de la colle, plusieurs morceaux de bois, soit
droits ou circulaires.

Ce terme s'emploie aussi pour signifier des
masses de bois qu'on a collées.

Colle. Substance gélatineuse faite avec des
nerfs de rognure de peaux d'animaux, dont les
menuisiers se servent pour unir ensemble les diverses parties de leurs ouvrages. Il y a de deux
sortes de colles pour la menuiserie ordinaire ;
savoir, celle d'Angleterre et celle de Paris ;
mais celle d'Angleterre est la plus belle et la
meilleure ; c'est pourquoi on doit la préférer à
l'autre.

Colle (pot à). Vase de cuivre ou de fer d'une
moyenne grandeur, monté sur trois pieds, et
auquel est attaché un manche de fer, pour pouvoir le porter commodément.

Colonne. Pilier cylindrique, dont le diamètre diminue par le haut.

Chaque colonne est portée par une base et
couronnée par un chapiteau, qui en sont les
principales parties.

Compas a verge. Espèce de trusquin, dont la
tige a depuis 6 jusqu'à 12 et même 15 pieds
de longueur, lequel sert à tracer de grands

cintres. Il y a des compas à verge tout de fer ou de cuivre, dont l'usage est de tracer, ainsi que ceux de bois, composés d'une tringle de bois et de deux têtes, dont l'une est fixe et l'autre mobile, et sous chacune desquelles est placée une pointe d'acier.

COMPAS D'ÉPAISSEUR. Il diffère des compas ordinaires, en ce que ses branches sont recourbées en dedans; il sert pour prendre le diamètre des corps ronds.

COMPOSÉ (ordre), ou *composite* ou *ordre romain*. On appelle ainsi une espèce d'ordre d'expression corinthienne, dont le chapiteau est un composé de chapiteaux ioniques et corinthiens.

CÔNE. Espèce de pyramide qui a un cercle pour base.

CONDUIT ou *conduite*. Partie excédante du fût d'un outil, soit en dessous ou par le côté, laquelle sert à l'appuyer contre le bois, et à l'empêcher de descendre trop bas; il n'y a que des outils de moulure qui n'en ont qu'une en dessous, et d'autres deux, dont l'une est en dessous et l'autre par le côté.

CONGÉ. Espèce de moulure creuse en forme de quart de cercle, et outil à fût propre à la former. Cet outil a deux conduits, l'un par le côté, l'autre en dessous.

CONSOLES ou petits montans cintrés qui supportent les bras des fauteuils, avec lesquels ils sont assemblés.

CORROYER. On entend par ce terme l'action d'aplanir, de dresser, mettre de largeur et d'épaisseur une pièce de bois quelconque, ce qui se fait par le moyen de la varlope et autres outils.

Côte. Partie excédante qu'on observe aux battans des croisées, pour porter les volets ou guichets.

Côtières. Pilastres qui servent de revêtissement aux côtés d'une cheminée, dont le corps ou tuyau est en saillie sur le mur.

Coulisseau. Pièce de bois qui diffère des coulisses, en ce qu'au lieu d'avoir une rainure comme ces dernières, on y fait une languette en saillie, laquelle sert à porter la chose qui doit couler dessus.

Coulisseaux. Sous ce nom on entend toute sorte de bâtis dans lesquels on tire des tiroirs.

Coulisses. On nomme ainsi toute pièce de bois dans laquelle est pratiquée une rainure capable de recevoir la partie qui doit mouvoir dedans, telle qu'une porte, une tablette, les bouts des planches d'une cloison, etc.

Coupe. Par ce terme on entend la manière de disposer les joints des moulures et des champs des bois : on fait des coupes carrées, d'onglet ou à bois de fil, des fausses coupes, etc. Les coupes carrées sont celles qui se trouvent en travers d'une pièce de bois perpendiculairement à sa longueur. Les coupes d'onglet sont celles qui se font diagonalement dans la largeur d'une pièce de bois, de manière que les fils de chaque pièce ainsi assemblés viennent joindre les uns contre les autres ; les coupes d'onglet forment toujours un angle de 45 degrés avec le champ du bois.

Les fausses coupes diffèrent de celles d'onglet, en ce qu'elles ont un angle plus ou moins ouvert que ces dernières. Il ne peut y avoir de fausses coupes que quand les traverses et les battans ne forment pas un angle droit lorsqu'elles sont assemblées, ou que la largeur des champs est inégale, quoique assemblés à angle droit.

Courbe. Par ce terme les menuisiers entendent toute pièce de bois dont la face (ou le plat, ce qui est la même chose) est cintrée, soit en plan, soit en bouge.

Couteau a scie, qui diffère de la scie à main, en ce que sa lame est plus étroite, et qu'elle est montée dans un manche d'une forme ordinaire. On l'appelle aussi *passe-partout.*

On fait quelquefois l'inclinaison de la denture de ces sortes de scies à rebours, c'est à dire du côté du manche, afin qu'elles ne ploient pas, et ne fassent d'effort qu'en les retirant à soi.

Il y a d'autres couteaux à scie, ou scies à conduite, ou pour mieux dire, à incruster, qui diffèrent de ces derniers, en ce qu'ils ont une ou deux conduites mobiles rapportées sur le plat de leurs lames.

Crémaillère. Tringle de bois dentelée sur le champ, pour recevoir le bout des tasseaux, servant à porter les tablettes d'une bibliothèque.

Croisées. Vantaux de menuiserie, dans lesquels on place des verres pour fermer les appartemens et y conserver le jour. Les croisées prennent différens noms selon leurs formes et usages.

CROISÉES (doubles). On appelle ainsi celles qui sont posées à l'extérieur des tableaux des croisées.

CROISÉES-JALOUSIES. Espèce de doubles croisées, qui diffèrent de celles ci-dessus, en ce qu'elles n'ont pas de croisillons, et que leurs châssis sont remplis par des lattes posées obliquement, pour garantir des rayons du soleil l'intérieur des appartemens.

CROSSETTE. On nomme ainsi des saillies ou ressauts à angle droit, qu'on fait faire à des cadres ou à des champs, et notamment aux tables saillantes des portes cochères.

On nomme aussi crossette, le ressaut qu'on fait faire au dernier membre d'un chambranle, d'un cadre, etc.

CUL-DE-LAMPE, ou pour mieux dire, *amortissement renversé*. On nomme ainsi toute partie saillante et diminuée en contre-bas. On n'emploie guère ce terme en menuiserie, que pour indiquer le support d'une pendule.

CYMAISE. Pièce de bois ornée de moulures, servant de couronnement aux lambris d'appui.

CYMAISE. Partie d'une corniche qui est toute ornée de moulures.

DÉ OU SOCLE. On nomme ainsi la partie lisse d'un piédestal, compris entre sa corniche et sa plinthe.

DÉBILLARDER. Ce terme signifie dégrossir une courbe, soit à la scie ou au fermoir, afin qu'elle soit prête à être corroyée.

Débiter du bois. Par ce terme on entend la manière de tirer d'une pièce de bois tout le parti possible ; c'est pourquoi, avant que de la refendre, soit en long, soit en travers, il faut se rendre compte des pièces qu'on pourra prendre sans y faire trop de perte, ce qui est une partie très essentielle à connaître pour les menuisiers, puisqu'il y va de leur intérêt et de la solidité de l'ouvrage. On appelle encore de ce nom, la manière et l'action de refendre le bois, et de le couper par pièces à la longueur de chacune d'elles.

Décomposés (entablemens). On nomme ainsi les entablemens dont la forme n'est pas régulière.

Dégagemens. Nom donné à une moulure qui forme des grains d'orge détachés.

Dégauchir. On entend par ce terme l'action de dresser parfaitement une pièce de bois, de manière que tous les points de sa surface ne soient pas plus élevés les uns que les autres, et qu'en la bornoyant d'un côté, elle s'élève également d'un bout comme de l'autre.

Déjeté (bois). C'est un bois qui, après avoir été bien dressé, devient gauche.

Denticules. Petites parties saillantes, carrées par leur plan, et dont la largeur est à la hauteur, comme 2 est à 3 ; la distance qu'il y a entre elles doit être égale à la moitié de leur largeur. Les denticules servent à orner les corniches.

Dessus de porte ou attique. On nomme ainsi

la menuiserie qui décore le dessus des chambranles des portes d'un appartement.

DORMANT ou *bâtis* dans lequel entrent les châssis des croisées.

DORMANTE (menuiserie). Sous ce nom on entend toute espèce de menuiserie qui est d'une nature à rester en place, et comme adhérente avec le lieu où elle est posée.

DOSSERET. On nomme ainsi l'espace qui reste entre l'angle d'une pièce et l'arête de la baie d'une croisée ou d'une porte.

DOSSES. Les dosses sont les premières levées faites sur le corps de l'arbre, et sont utiles à peu de chose.

DOUCINE, MOULURE. C'est aussi une espèce de rabot ou d'outil qui sert à pousser des moulures.

DOUCINE. Ouverture de croisée dont la coupe est faite en doucine.

ÉCHANTILLON (bois d'). Par ce terme on entend les bois que les marchands vendent à une longueur et épaisseur déterminées, comme 6, 9, 12 pieds de long, sur un pouce 15 lignes, un pouce et demi et 2 pouces d'épaisseur, etc,

ÉCHARPE. Pièce placée diagonalement dans un bâtis. On appelle aussi de ce nom une pièce de bâtis de parquet.

ÉCHELLE *de meunier*. Sorte d'escalier droit.

ÉCHELLES ou *mesures*, ou, pour mieux dire, certaines longueurs divisées en parties égales, représentant des toises, des pieds, etc. Les échelles servent à régler et à mettre en ordre les différentes parties d'un dessin, et à juger de la grandeur que les objets qu'il représente auront en exécution.

Éсhiquier. Espèce de compartiment composé de carrés disposés parallèlement avec les côtés de l'ouvrage.

Écoinson. Espèce de petit bureau d'une forme triangulaire par son plan, lequel se place dans les angles des appartemens.

Écouènes. Espèces de limes dentelées sur leur largeur comme les dents d'une scie, lesquelles servent à travailler les bois durs.

Ellipse. Figure à peu près semblable à un ovale. L'ellipse est donnée par la coupe oblique d'un cylindre ou d'un cône.

Embase. Terme par lequel les ouvriers désignent la base ou le bas de quelque chose.

Emboîture. Espèce de traverse, dans laquelle on fait des mortaises et des rainures, pour recevoir les tenons et les languettes du bord des planches, qui composent les portes pleines et autres ouvrages.

On appelle aussi emboîture, les traverses des chambranles.

Embrévement, *embrever*. Faire sur le champ de deux pièces de bois, dont l'épaisseur est inégale entre elles, des rainures et des languettes, lesquelles entrent juste les unes dans les autres, de manière que la pièce la plus mince soit contenue dans la plus épaisse, et que les pleins de l'une remplissent exactement les vides de l'autre.

EMMARCHEMENT. On nomme ainsi les entailles faites dans les timons pour recevoir les marches d'un escalier.

ENFILADE. Par ce terme on entend la rencontre de plusieurs ouvertures de portes, lesquelles sont disposées de manière que leur point milieu se trouve sur une ligne droite.

ENFOURCHEMENT. Assemblage qui diffère de la mortaise ordinaire, en ce que cette dernière n'a pas d'épaulement, de sorte que le tenon peut y entrer de toute sa largeur, encore que le dehors de la traverse affleure l'extrémité du battant.

ENSUBLES. On nomme ainsi des pièces cylindriques percées de deux mortaises à contresens l'une de l'autre, à chacune de leurs extrémités; ce sont les principales pièces d'un métier à broder.

ENTABLEMENT. On nomme ainsi la partie supérieure d'un édifice, et qui lui sert de couronnement. A un ordre d'architecture, l'entablement pose immédiatement sur la colonne.

ENTAILLE (assemblage en); lequel consiste en un ravalement fait dans l'épaisseur de deux pièces de bois d'une largeur égale à celle de chaque pièce, de manière qu'elles puissent entrer à plat l'une dans l'autre.

ENTAILLE, *outils*. Sous ce nom on comprend toute sorte de morceaux de bois dans lesquels on a fait des entailles pour pouvoir contenir différentes pièces d'ouvrage ou autres, qui y sont arrêtées par le moyen d'un coin ; c'est pourquoi on appelle *entailles à limer les scies*, celles qui servent à cet usage.

On dit de même, *entailles à scier* les arasemens, *entailles à pousser* les petits bois, *entailles à ralonger* les sergens.

On fait aussi des entailles cintrées, propres à coller et cheviller les parties circulaires.

ENTRE-COLONNEMENT. On nomme ainsi la distance qu'il y a de l'axe d'une colonne à l'axe d'une autre colonne.

ENTRE-LACS. Espèce d'ornemens qu'on emploie aux moulures creuses.

En général on donne ce nom à tout ornement dont les parties se répètent et s'enlacent alternativement les unes dans les autres.

ENTRE-TOISE. On donne ce nom, en général, à toutes les traverses dont l'usage est de retenir l'écart des pieds d'un banc, d'une chaise, etc. Les entre-toises s'assemblent toujours dans les traverses des pieds.

ENTREVOUS. Espèce de planche qui n'a que 9 à 10 lignes d'épaisseur.

ÉPAULEMENT. On nomme ainsi la partie pleine qui reste entre deux mortaises, ou depuis la mortaise jusqu'à l'extrémité du battant. On dit aussi *épauler un tenon*, c'est à dire diminuer de sa largeur, pour qu'elle soit égale à celle de la mortaise dans laquelle il doit entrer.

ÉQUIERS. Nom des espèces d'anneaux de fer,

dans lesquels passent les sommiers aux deux
bouts de la scie des scieurs de long.

ERMINETTE. Espèce de hache un peu recourbée, à l'usage des menuisiers ; ces ouvriers s'en
servent pour dégrossir leur bois.

ESCALIERS *en vis.* C'est à dire qui tournent
sur eux-mêmes, autour d'un poteau.

ESCHINE ou *ove.* C'est la partie du chapiteau
dorique qui supporte le tailloir. L'eschine est
composée d'un quart de rond, d'une baguette
et d'un filet, et suit le contour du fût de la colonne.

ÉTABLI. Grande et forte table de bois d'orme
ou de hêtre, montée sur un pied de chêne.

ÉTABLIS *à l'allemande ;* qui diffèrent des
établis ordinaires, en ce qu'au lieu d'un crochet
ils ont une boîte de rappel, laquelle se meut
par le moyen d'une vis, de sorte que le bois qu'on
travaille est arrêté sur l'établi, sans avoir besoin
de valet.

ÉTABLISSEMENS. Ce sont certaines marques
dont les menuisiers se servent pour distinguer
une pièce d'avec une autre, et faire connaître le
haut ou le bas de chacune d'elles, ou leurs
faces apparentes, qu'ils nomment parement de
l'ouvrage; c'est pourquoi on dit qu'on établit
les bois, c'est à dire qu'on les marque d'un
caractère distinctif et relatif à la place qu'ils doivent occuper.

ÉTREIGNOIRS. Outils dont l'usage est de serrer
les joints des panneaux, et de les tenir très
droits sur leur largeur. Ces outils sont composés

de deux fortes pièces de bois, percées de plusieurs trous vis à vis les uns des autres, dans lesquels on fait passer de fortes chevilles, pour qu'elles puissent résister à l'effort des coins qu'on met entre elles et le panneau.

ÉTRÉSILLON OU GOBERGE. C'est une pièce de bois quelconque, qui bute entre deux parties, pour les tenir en place.

On appelle aussi goberges, les barres qui remplissent le fond d'un lit.

ÉVENTAIL. On appelle de ce nom, toute croisée dont la partie supérieure se termine en demi-cercle ou en demi-ovale.

FERMOIR. Outil à manche, dont le fer est à deux biseaux. Cet outil sert à dégrossir le bois.

FERMOIR *néron* ou à *nez rond*. Outil à manche, dont le tranchant est en biais, pour pouvoir entrer plus facilement dans les angles rentrans.

FEUILLE. En général, c'est toute partie d'ornement large et plate, qui représente, à peu de chose près, les feuillets de différentes plantes ou arbres. Il y a des feuilles de laurier, d'acanthe, d'olivier, de palmier, de persil, etc.

FEUILLE. On nomme ainsi une pièce ou bâtis de parquet, qui est d'une forme carrée, et qui a ordinairement 3 à 3 pieds 3 pouces sur tous les sens.

FEUILLES *de volet*, *de parquet*. C'est chaque volet ou parquet en particulier.

FEUILLERET. Outil qui sert aux menuisiers à dégauchir les bois et à former une feuillure sur les rives suivant le gauche, en la rendant plus profonde d'un bout que de l'autre ; et cela se connaît en posant les réglets à pied dessus lesdites feuillures.

Il y a le *feuilleret* à petit bois ; c'est celui qui sert pour faire les feuillures pour les vitres des croisées.

Le *feuilleret* est fait d'un morceau de bois dur, de 18 à 20 pouces de long, sur 5 à 6 pouces de large, et épais d'un pouce, plus ou moins. Dans le milieu, il y a une entaille qu'on nomme *lumière*, pour mettre le fer, et un coin pour le serrer dedans ; au bas, du côté du tranchant, est la joue qui sert à le conduire, lorsqu'on veut faire une feuillure.

FEUILLET. Espèce de planche mince, propre à faire des panneaux et autres ouvrages. Les feuillets ont ordinairement 6 à 7 lignes d'épaisseur ; ceux de bois de Hollande n'en ont que 5 pour l'ordinaire.

FEUILLURE. On appelle ainsi tout angle rentrant, fait dans le bois parallèlement à son fil. On fait de grandes et de petites feuillures ; les petites feuillures se font avec un outil à fût, nommé feuilleret, lequel a pour l'ordinaire deux conduits, ce qui le distingue du feuilleret d'établi, qui, d'ailleurs, est plus long que ce dernier.

Les feuillerets prennent différens noms, selon leurs usages ; c'est pourquoi on dit feuilleret d'établi, feuilleret à petit bois, feuilleret à mettre au mollet, etc.

FIL (bois de). C'est lorsque les fibres du bois sont disposées sur la longueur des ouvrages.

FILET ou *carré*. Moulure lisse et plate, qui sert à séparer les autres moulures.

FISTULE. Est toute espèce de coups de marteau, de ciseau, etc , donnés mal à propos, qui endommagent la surface du bois.

FLACHE. Défaut d'équarrissage d'une pièce de bois, qui la fait souvent rebuter.

FLOTTÉE (traverse). On nomme ainsi toute traverse qui passe par derrière un panneau, et qui n'est pas apparente en parement.

On nomme aussi *panneaux flottés*, ceux qui sont posés à plat l'un sur l'autre.

FLUTE ou *sifflet*. Espèce d'assemblage, ou pour mieux dire, de joint propre au ralongement des bois, dans lequel les bouts de chaque pièce de bois sont amincis à contre-sens, afin qu'étant collés l'un sur l'autre, ils ne semblent faire qu'une même pièce.

FONDS. Nom qu'on donne à des panneaux disposés à recevoir le parquet d'une cheminée, et à porter la glace.

FORET. On nomme ainsi un petit outil de fer acéré d'un bout, et qui est monté dans une boîte ou bobine de bois, qu'il déborde des deux bouts. On fait usage de cet outil pour percer les bois et les métaux.

FOURRURE. On nomme ainsi des pièces ou tringles de bois plus ou moins épaisses, qu'on met sur le plancher pour poser le parquet, quand il n'y a pas assez de place pour y mettre des lambourdes.

Frise. On appelle de ce nom toute partie de menuiserie étroite et longue, soit pleine ou à panneaux, dont la longueur se trouve parallèle à l'horizon, et qui divise d'autres grandes parties ; c'est pourquoi on dit frises de lambris, de porte, de croisée-entresol, de parquet, etc.

Frises. On nomme ainsi des pièces de bois de 3 à 4 pouces de largeur, qu'on pose avec les feuilles de parquet, auxquelles elles servent comme de cadre.

Frise. On donne encore ce nom à la partie lisse et intermédiaire d'un entablement.

Fronton. Par ce terme on entend deux parties de corniche, qui s'élèvent des deux extrémités d'un avant-corps et viennent se rencontrer au milieu, où ils forment un angle obtus. Il y a des frontons triangulaires et des frontons circulaires ; leurs proportions sont les mêmes.

Fuir, *fuit.* On dit qu'un outil fuit, lorsqu'en le poussant, on ne le tient pas assez ferme, de manière qu'il se dérange de sa place. On dit fuir en dedans ou en dehors, selon que l'outil se dérange de l'un ou l'autre sens.

Fût ou *monture d'un outil.* C'est le bois dans lequel le fer est placé ; c'est pourquoi on dit le fût d'une varlope, d'un rabot, d'un boudin, etc. Ainsi tous les outils dont la moulure est du côté du conduit, d'une forme semblable à celle du coupant du fer, doivent se nommer outils à fût.

Fût. Partie de la colonne comprise entre le chapiteau et la base.

Futée ou *mastic*. Les menuisiers nomment ainsi une espèce de pâte faite avec du blanc d'Espagne et de l'ocre jaune, détrempés ou broyés avec de l'huile de lin, ou même de l'huile d'olive. Quelquefois, au lieu d'huile, ils se servent de colle claire, afin que quand l'ouvrage est peint en détrempe, la futée ne fasse pas de tache à la peinture. Pour les ouvrages communs, on fait de la futée avec de la pierre de St-Leu, réduite en poudre, et de la brique pareillement pulvérisée et délayée dans de la colle, à la consistance de pâte.

On fait encore de la futée très forte en faisant fondre de la cire jaune et du suif dans lesquels on mêle soit du blanc d'Epagne et de l'ocre, ou de la pierre de St-Leu. Cette dernière espèce de futée, ou pour mieux dire, de mastic, ne s'emploie que chaude.

La futée sert à remplir et à cacher les défauts de l'ouvrage, comme les fentes, les trous de nœuds, et même les joints mal faits.

Gale. Espèce de petits nœuds, ou des mangeures de vers, qui défigurent la surface du bois.

Galet. Sorte de table de jeu, d'une forme barlongue, entourée de bandes ou rebords.

Garrot. Morceau de bois, lequel passe dans la corde d'une scie, et qui sert à faire tourner cette corde sur elle-même, pour tendre ou roidir la lame de la scie. On arrête le bout du garrot dans une mortaise pratiquée dans le sommier du châssis.

GAUCHE. Par ce terme on entend une surface dont tous les points ne sont pas dans le même plan ; de sorte qu'une des extrémités de ses rives est plus haute ou plus basse que celle qui lui est opposée. Il y a des ouvrages qui doivent être gauches.

GAUCHIR. Se dit des faces ou paremens de quelques pièces de bois ou ouvrage, lorsque toutes les parties n'en sont pas dans un même plan ; ce qui se connaît en présentant une règle d'angle en angle : si l'angle ne touche point partout en la promenant sur la face de l'ouvrage, l'on dit que cette face a *gauchi*. Une porte est *gauche* ou *voilée*, si, quand on la présente dans ses feuillures, qui sont bien d'à-plomb, elle ne porte point partout également.

GELIFS ou *gelivures*, et en terme d'ouvriers, *givelures* ; fentes qui se trouvent dans le bois.

GIRON *des marches*. On entend par ce terme la largeur que doivent avoir les marches d'un escalier, prises au sommet de leur longueur.

GOBERGE. Tringle de bois qu'on place entre le plafond de la boutique et l'ouvrage, pour fixer ce dernier sur l'établi.

GOBERGES, ou petites traverses qui forment le remplissage d'une couchette, et qui entrent dans les entailles des pans.

GORGE et *gorget*. Espèce de moulure creuse qui se place entre la moulure principale d'un cadre et le champ de l'ouvrage. On distingue les gorges des gorgets , en ce qu'elles sont plus grandes que ces derniers , et qu'elles ont un petit carré ou filet de chaque côté , au lieu que les gorgets n'en ont qu'un.

On appelle aussi de ce nom les outils propres à les former dans le bois , lesquels outils sont composés d'un fer ou d'un fût.

Gorge-fouillée. Espèce de bec-de-canne , dont l'extrémité du fer est recourbée et arrondie avec un filet , de manière que cet outil fait à la fois l'office d'un rabot rond de côté , et d'une mouchette.

Gouge. Outil à manche , espèce de fermoir creux sur la largeur, servant à pousser des moulures à la main. Il y a des gouges de toute grandeur , et de plus ou moins cintrées.

Goujon. Espèce de petit tenon d'une forme cylindrique , lequel est en usage pour les jalousies dans l'assemblage , et pour les tenons à peigne.

Goujons. Ce sont des chevilles que l'on colle, et que les menuisiers mettent au lieu de clefs , lorsqu'ils collent quelques pièces de bois ensemble , soit que ces pièces soient à languettes et à rainures , ou qu'elles soient à plat-joint.

Gousset. On nomme ainsi un morceau de bois d'environ un pouce d'épaisseur, chantourné en console , lequel sert à porter des tablettes.

On fait des goussets d'assemblage en forme de potences.

Les menuisiers en carrosse appellent aussi goussets un morceau de bois mince , taillé en

20

creux pour supporter la glace d'une custode.

GRAINS D'ORGE. Nom d'une moulure qui figure des grains d'orge détachés.

GRATTOIR. Outil d'acier, à trois côtes, comme une lime à tiers-point. Les arêtes de cet outil sont affûtées à vif dans une grande partie de sa longueur. Son usage est d'enlever les ébarbures qui se forment aux deux côtés des tailles qu'on fait sur le cuivre lorsqu'on le grave.

GRÊLES. Espèce de petites écocènes.

GRÈS. Les menuisiers se servent de grès pour affûter dessus leurs gros outils, comme ciseaux, fermoirs, fers de varlopes, rabots, etc. ; et ils donnent en général le nom de *grès* au lieu où ils affûtent, en y comprenant le banc sur lequel le grès est placé ; l'auge de bois, ou tout autre vaisseau dans lequel il y a de l'eau ; enfin l'auge avec lequel ils versent cette dernière.

GUEULE-DE-LOUP. On nomme ainsi l'ouverture du milieu d'une croisée, dont le battant-meneau est foulé en creux sur le champ, pour recevoir le petit battant de l'autre châssis.

On fait aussi quelquefois les ouvertures des portes cochères à gueule de loup, ce qui est d'un très bon usage.

GUICHET. Petite porte qu'on fait ouvrir dans le vantail d'une porte cochère ou autre.

On donne aussi ce nom aux volets des croisées.

GUIDE. Les menuisiers nomment ainsi le morceau de bois qui s'applique au côté d'un rabot ou autre instrument de cette nature, et qui dirige le mouvement lorsqu'il s'agit de pousser une feuillure.

GUILLAUME (*menuiserie*). C'est un outil de 18 à 20 pouces de long, sur 4 à 5 de large, et un pouce plus ou moins d'épaisseur. Il y a au milieu une espèce de mortaise, qui perce jusqu'aux trois quarts de la largeur ou hauteur ; c'est le passage de la queue du fer qui y est serré avec un coin ; le surplus est ouvert en travers ; c'est la place du tranchant du fer, car le fer est de toute l'épaisseur du fût jusqu'à la hauteur d'un pouce et demi ou environ ; il est tranchant sur les deux côtés, pas tout à fait tant du côté du dessous, qui est son vrai tranchant. Il y a plusieurs sortes de *guillaumes*.

Il y a *guillaume* cintré, et plusieurs espèces de *guillaumes* cintrés. Le *guillaume* cintré sur le plat, et *guillaume* cintré sur les côtés. Ceux-ci sont d'usage dans les ouvrages cintrés.

Le *guillaume* debout ; c'est celui dont le fer n'est point incliné et n'a point de pente ; on s'en sert lorsque les bois sont trop rustiques, et que les autres ne peuvent les couper net.

Le *guillaume* à ébaucher, qui sert à commencer les ravalemens de feuillures.

Le *guillaume* à plate-bande, avant lequel on forme les plates-bandes ; il est fait comme les autres, à l'exception qu'il a une joue qui dirige l'outil dans le travail de la plate-bande, que l'angle extérieur en est arrondi, et que quelquefois il porte un carré.

Le *guillaume* à recaler, qui sert à finir les feuillures, les ravalemens, etc.

Il y a encore un *guillaume* qui est commun aux menuisiers et aux charpentiers, avec lequel ils dressent les tenons et moulures de fond des feuillures.

GUILLAUME *de côté*. Outil à fût, dont le fer est placé perpendiculairement et un peu en biais sur l'épaisseur, afin qu'il coupe sur le côté, ce qui est l'unique destination de cet outil.

GUIMBARDE. Outil composé d'une pièce de bois de largeur, capable d'être tenue d'une main par chaque bout, au milieu de laquelle est placé un fer un peu de pente, et d'une épaisseur capable de résister à l'effort de cet outil. Son usage est de fouiller des fonds parallèlement au dessus de l'ouvrage.

GUIMPÉ ou *guimbé*. On appelle doucine guimbée, celle dont la baguette est plus élevée que le bas du devant du talon ou bouvement.

GUINGUIN. Petit panneau de parquet.

HAPPE. C'est une presse à main.

HÉLICE. Ligne circulaire qui tourne sur elle-même, en rampant autour d'un cylindre ou d'un cône.

HÉLICE. On nomme ainsi un plafond rampant, faisant le dessous d'un escalier cintré par son plan.

HUISSERIE. Bâtis de charpente ou de menuiserie, qu'on pose dans les cloisons pour servir de baie aux portes.

JALOUSIES. On nomme ainsi de petits treillis de bois pour boucher des ouvertures quelconques, de manière qu'on puisse voir au travers sans être vu de dehors, du moins de très près, telles que sont, par exemple, les jalousies d'un confessionnal.

JARRET. Par ce terme on entend tout point qui s'éloigne d'une ligne courbe quelconque, soit en dedans, soit en dehors ; c'est pourquoi les menuisiers disent qu'un cintre jarrette, lorsqu'il s'y trouve des inégalités ou des ressauts dans son contour.

IMPOSTE. Traverse d'un dormant de croisée, laquelle sépare les châssis du-bas d'avec ceux du haut.

On appelle encore de ce nom les traverses ou pièces ornées de moulures, qui passent au nu du cintre d'une porte cochère, ou qui règnent seulement au dessous de la retombée de l'archivolte d'un cintre.

JOINT, ou assemblage.

JOUE. Épaisseur de bois qui reste de chaque côté des mortaises ou entre-deux, quand il y en a deux à côté l'une de l'autre, comme dans le cas d'un assemblage double; on dit aussi, par la même raison, *joue d'une rainure*, etc.

JUPITER (traits de). Espèce d'assemblage propre ou ralongement des bois, ainsi nommé à cause que cet assemblage, vu de profil, est à peu près disposé comme on représente la foudre. Cet assemblage est très solide, et se fait de différentes manières.

LAMBOURDES. Pièces de bois de 2 à 3 pouces de gros, qu'on scelle et arrête sur le plancher pour porter le parquet.

LAMBRIS. Sous ce nom on entend toute espèce de menuiserie servant au revêtissement des appartemens. On distingue deux sortes de lambris ; l'un d'appui, qui n'a que 2 à 3, ou tout au plus 4 pieds de haut ; et l'autre dont la hauteur égale celle de la pièce dans laquelle il est posé.

LANGUETTE. Partie excédante observée sur le champ ou épaisseur d'une pièce de bois, pour pouvoir entrer dans la rainure d'une autre pièce, à laquelle rainure il faut qu'elle soit égale, tant en épaisseur qu'en profondeur, afin de faire des joints solides. *Voyez* les articles *rainures, joints, bouvets et panneaux.*

LAQUE. C'est une espèce de gomme ou résine de couleur rouge, dont on fait usage pour polir le bois.

LARMIER. Pièce de bois qui avance au bas d'un châssis dormant d'une croisée ou du cadre de vitre, pour empêcher que l'eau ne coule dans l'intérieur du bâtiment, et pour l'envoyer en dehors ; cette pièce est communément de la forme d'un quart de cylindre coupé dans sa longueur.

LARMIER. Partie lisse et saillante d'une corniche.

LATTES. On se sert de lattes de chêne pour faire des ouvrages de treillage, qui n'ont pas besoin de beaucoup d'épaisseur. Ces ouvrages se nomment *frisages*, d'où les lattes prennent le nom de *lattes de frisages*.

LIBERTÉ. Outil de cannier, qui n'est autre chose qu'un filet de canne qui leur sert à élever et baisser les brins de canne, pour faciliter le passage d'une aiguille de même matière.

LIEUX *à l'anglaise* ou *cabinet d'aisance*, dont la construction est presque toute du ressort du menuisier.

LIME. Outil d'acier trempé, dont la surface est sillonnée en divers sens, pour pouvoir entamer les métaux et les bois durs. Il y a des limes de diverses formes et grosseurs, et la plupart sont garnies d'un manche, pour pouvoir les tenir plus aisément. Il y a des limes d'Allemagne et d'Angleterre : elles diffèrent entre elles tant par la forme que par la manière dont elles sont taillées.

LIMONS ou *échiffres*. Pièces rampantes dans lesquelles les marches d'un escalier viennent s'assembler.

On nomme *faux-limon* une pièce rampante posée contre un mur, laquelle ne reçoit pas le bout des marches comme le vrai limon, mais qui est découpée pour les porter en dessous, et en appuyer les contre-marches.

LISTEL. Partie plate et saillante, dont on accompagne quelquefois le derrière des moulures.

LOSANGE. Espèce de petit panneau carré, placé sur la diagonale, et qu'on assemble dans les feuilles de volet, dans le milieu des plafonds des pilastres.

Loupes. On nomme ainsi les excroissances, les nœuds et les racines de différens bois, comme le buis, l'érable, et surtout le noyer.

Lumière. C'est une cavité pratiquée dans le fût d'un outil pour y placer le fer, et pour faciliter la sortie du copeau.

Maille *du bois.* Ce terme se dit du bois dont la surface est parallèle aux rayons qui s'étendent du centre à la circonférence.

Maillet. Morceau de bois de charme ou de frêne, d'environ 7 pouces de longueur, 4 à 5 de hauteur, et 3 d'épaisseur; il est arrondi sur ses extrémités, tant de plan que de face. Il tient à un manche d'environ 8 pouces de longueur.

Malandres. Défauts de bois; ce sont des veines de bois rayées et blanches, qui tendent à la pourriture.

Marche. On nomme ainsi la pièce de bois d'un escalier sur laquelle on pose le pied pour monter ou descendre ce dernier, et *contre-marche*, celle qui est posée verticalement et qui fait par conséquent le devant de la marche.

Marquer ou *tracer.* C'est chez les menuisiers, charpentiers, ou autres artistes semblables, tirer les lignes sur une planche ou une pièce de bois, pour que le compagnon la coupe suivant ce qu'elle est tracée. On dit, *tracer sur une planche les irrégularités d'un mur.*

Cela se fait facilement en présentant la rive

d'une planche debout contre le mur, ou la pièce dont vous voulez avoir la courbe ou le défaut, de sorte qu'elle forme un angle avec ladite face ; puis vous prenez un compas ouvert, suivant la plus grande distance qui se trouve entre la rive de votre planche et la face dont vous voulez avoir l'irrégularité ; ensuite, commençant par le haut, il faut porter une des pointes contre la face irrégulière, et l'autre pointe sur votre planche : la pointe qui porte sur la planche tracera, la conduisant en descendant la pointe contre le mur irrégulier, l'irrégularité de votre pièce ou muraille, et par ce moyen vos pièces se joindront parfaitement.

MARQUER *l'ouvrage*. Par ce terme les menuisiers entendent l'action de le tracer sur le plan.

MARTEAU. Outil dont le fer a 4 à 5 pouces de longueur : le bout carré ou la panne est d'acier ; l'autre bout est mince. Le manche de bois a 9 à 10 pouces de longueur.

MASTIC. On nomme ainsi toute composition tenace ou coagulante, laquelle sert à arrêter et à fixer diverses matières, soit minérales, soit métalliques, ou enfin factices, comme les verres et les émaux, etc. On fait différentes sortes de mastic, selon les différentes matières.

MÈCHE. Petit outil de fer qui sert à faire des trous : il y a des mèches de différentes grosseurs et qui prennent différens noms, selon leurs formes et usages.

MEMBRURES. Pièces de 3 pouces d'épaisseur, sur 5 à 6 pouces de largeur, et depuis 6 jusqu'à 15 pieds de long.

MENEAUX (battans). Ce sont les battans de milieu du châssis d'une croisée, qui portent les côtes, et dans lesquels on creuse la gueule-de-loup.

MANSARDES. Croisées qui ouvrent à coulisses : elles tirent leur nom de l'étage en mansarde où elles furent d'abord employées.

MERRAIN ou *Créson*. On nomme ainsi du bois de chêne ou de châtaignier qui n'a pas été refendu à la scie, mais au coutre ; ce qui oblige à choisir ce bois bien de fil.

MOBILE (menuiserie). Celle qui a pour objet la construction des ouvrages ouvrans comme les portes, les croisées, etc.

MODILLON. Espèce de petite console, ou, pour mieux dire, de partie saillante et contournée, qui semble soutenir le larmier supérieur d'une corniche.

MODULE, ou mesure servant à régler les dimensions des différentes parties d'un ordre d'architecture.

MOLE. Morceau de bois dans lequel on a fait une rainure avec un bouvet, pour voir si les languettes des planches se rapportent à cette rainure, qui est semblable à celles des autres planches, et dans lesquelles elles doivent entrer, lorsqu'on voudra tout assembler.

MOLLET. Petit morceau de bois dur, de 2 à 3 pouces de long, où on fait une rainure, dans laquelle on fait entrer les languettes des

panneaux , pour voir si elles sont juste d'épaisseur ; ce qu'on appelle *mettre les panneaux au
mollet.*

MONTANT. On appelle de ce nom toute pièce
de bois placée perpendiculairement. Les montans
diffèrent des battans , en ce que leur extrémité
est terminée par des tenons. Les montans prennent, ainsi que les battans, différens noms, selon les ouvrages auxquels on les emploie. On
dit , par exemple, *montans de dormant, de croisée, de lambris, de parquet, etc.*

MORTAISE ou *Mortoise.* Cavité pratiquée dans
l'épaisseur d'une pièce de bois, pour recevoir le
tenon d'une autre pièce, par le moyen duquel
les deux pièces tiennent ensemble , soit en formant sur leur champ un angle droit, ou de toute
autre ouverture.

MOUCHETTE. Outil à fût, dont l'usage est
d'arrondir l'ouvrage , et dont, par conséquent,
le fer est affûté en creux.

Il y a encore une autre espèce de mouchette
qu'on nomme *mouchette à joue,* laquelle diffère
de celle dont je viens de parler, en ce qu'elle a
deux joues à son fût, pour appuyer dessus et
contre la pièce de bois qu'on travaille. L'usage
de ces mouchettes et de former et d'arrondir les
baguettes.

MOULE *à entailler les ronds.* C'est un morceau
de bois creusé pour recevoir les ronds qu'on y
arrête. Aux deux côtés de ce moule sont des
entailles disposées comme doivent être celles

des ronds, qu'on fait très régulièrement d'après ces dernières.

Moulures. Ce sont des ornemens faits sur les ouvrages de menuiserie, sur le nu desquels ils saillent quelquefois, ou bien qui sont faits aux dépens de son épaisseur; l'assemblage de plusieurs moulures forme ce qu'on appelle *des profils*.

Les moulures de menuiserie ont différens noms et sont de plusieurs espèces : elles peuvent se tracer géométriquement.

Murier. Bois d'Europe et d'Asie, de couleur tirant sur le jaune verdâtre.

Museaux. On nomme ainsi les appuis saillans des stalles, lesquelles sont arrondis par les bouts, et ornés de moulures.

Navette (guillaume à); on appelle ainsi un guillaume dont le fût est diminué sur l'épaisseur, comme une navette de tisserand.

Niveau de menuisier. Espèce d'équerre de bois, dont les branches sont égales, et qui sont entretenues par une traverse placée à leur extrémité inférieure : cette traverse est divisée au milieu de sa longueur, par un fort trait qui répond à l'angle de l'équerre ou au niveau, où est un trou par lequel passe un fil, au bout duquel est attaché un plomb; ce fil doit passer par le milieu du trait qui divise la traverse, pour que le dessous des branches du niveau soit dans une situation parallèle à l'horizon.

Niveau (mettre de). Par ce terme on entend l'action de mettre un ouvrage dans une situation parallèle à l'horizon, c'est à dire qui ne lève pas plus d'un bout que de l'autre.

Noix. Rainure dont le fond est arrondi en creux. On appelle de ce nom le bouvet qui fait la rainure et la languette qui doit y entrer.

Noix de galle. Excroissances qu'on trouve sur le chêne vert : elles servent pour teindre en noir.

Ogive ou *Ogif*. Espèce de voûte gothique, composée de plusieurs arcs de cercles, et formant arête au milieu de sa largeur.

Olive. Espèce de moulure dont la coupe est d'une forme à peu près semblable à celle d'une olive ou d'un ovale très alongé.

Ombrer (manière d') les pièces de bois : ce qui se fait par le moyen du feu ou des acides.

Onde. On appelle ainsi les marques que font sur le bois les fers des varlopes et des rabots, à chaque copeau qu'ils enlèvent.

Ondes (outils à), ou machine propre à onder la surface et le champ des moulures.

Onglet. On appelle de ce nom tout joint coupé diagonalement, suivant l'angle de quarante-cinq degrés.

Oreilles. On nomme ainsi de petits cintres qui forment ordinairement un quart de cercle ou d'ovale. Des oreilles se placent aux angles de traverses, soit qu'elles soient droites ou contournées dans toute leur longueur. On fait aussi des oreilles carrées ; ce n'est autre chose qu'un angle saillant qu'on fait à l'angle d'un panneau.

Oreille-d'ane. On nomme ainsi une voussure

dont la partie supérieure est droite en devant, et dont le fond est bombé en arc : elle est de l'espèce des voussures de Marseille.

OREILLONS. Ce sont des retours aux coins des chambranles de portes ou de croisées : on les appelle aussi *crossettes*.

ORME. Bois de France, très liant, qui n'est guère d'usage, en menuiserie, que pour la construction des caisses des voitures.

ORNEMENT. Par ce terme les menuisiers entendent toute sorte de sculpture quelconque faite sur leurs ouvrages, soit qu'elle soit prise dans le même bois, ou qu'elle soit seulement appliquée dessus.

OUTIL A FUT. On appelle ainsi, parmi les menuisiers, un instrument qui est composé d'un fût, c'est à dire d'une pièce de bois en forme de long billot, de diverses épaisseurs, suivant son usage, d'un fer plat et tranchant, quelquefois taillé autrement, et d'un coin de bois pour affermir le fer dans la lumière.

Les *outils à fût* de menuisiers s'appellent en général des *rabots*. Leurs noms propres sont le rabot, le riflart, la galère, les varlopes, les guillaumes, les mouchettes, les bouvemens, les bouvets et les feuillerets.

OUTILS DE MOULURES. Par ce terme on entend tous les outils à fût propres à pousser des moulures quelconques.

OUVERTURE. Par ce terme on entend le vide que présente une porte, une croisée, une niche, etc. Il se prend aussi pour faire connaître la manière dont les joints ou ouvertures des différentes parties sont disposées ; ainsi on dit *une porte, une croisée, une armoire, etc.*, *ouvrante à feuillure, à noix, à gueule-de-loup, à doucine, etc.*

Ouvertures. On entend aussi par ce terme toute espèce de vides, comme ceux des portes, des croisées, des niches, etc, qui sont eux-mêmes sous-entendus par leur baie ou pourtour, sans avoir aucun égard aux remplissages de ces mêmes ouvertures.

Ove. Espèce d'ornement, particulièrement consacré aux quarts de rond.

Pagnognes. Pièces de bois qui forment la fusée ou le rouet d'un moulin, et auxquelles les fuseaux sont assemblés.

Palette à foret. C'est une pièce de bois garnie d'un morceau percé de plusieurs trous, dans lesquels on place un des bouts du foret pour appuyer dessus.

Palier ou repos observé aux angles, ou, pour mieux dire, à chaque révolution d'un escalier.

Palissandre ou *palixandre*. Espèce de bois violet tirant sur le brun. Il est très poreux et de bonne odeur.

Pance. C'est le nom qu'on donne à la partie inférieure du fût d'un balustre.

Panne. On appelle ainsi la partie la plus menue d'un marteau : la panne est ordinairement mince et arrondie.

Panneau. Partie de menuiserie composée de

plusieurs planches jointes ensemble, laquelle entre à rainure et à languette dans les cadres ou les bâtis de l'ouvrage.

On nomme *panneau écrasé*, celui qui affleure le bâtis, et *panneau recouvert*, celui qui saillit sur le même bâtis.

PAPIER VERRÉ. Ayant pilé du verre plus ou moins fin, on l'étale, au moyen d'un tamis, sur une feuille de papier fort sur laquelle on a étendu une couche de colle claire ; on répand du verre jusqu'à ce que toute la surface en soit bien couverte. Lorsque le tout est bien sec, on fait usage de ce papier pour donner au bois, en le frottant, un bon poli. Il y a des papiers verrés d'un grain plus fin les uns que les autres.

PARAVENT. Espèce de meuble à bâtis, composé de plusieurs feuilles jointes ensemble par des charnières.

PARCLAUSES. Petites traverses minces qu'on rapporte aux pilastres ravalés.

Parclauses ou *consoles*. On nomme ainsi les montans chantournés qui servent à séparer les stalles.

PAREMENT. Par ce terme les menuisiers entendent la face apparente de leurs ouvrages : c'est pourquoi ils appellent ouvrage à double parement, celui dont les deux côtés sont apparens, ou, pour mieux dire, qui est travaillé des deux côtés.

PARQUETS. Ce sont des parties de menuiserie composées de bâtis et de panneaux arasés les uns avec les autres, et disposés selon différens compartimens. Il y a de deux sortes de parquets, les uns qu'on applique dans le devant et au bas des portes cochères, les autres qui servent à revêtir les aires ou planchers des appartemens.

Parquet de glace. On nomme ainsi la menui-serie qui porte les glaces de cheminée, etc. Ces sortes de parquets sont composés de panneaux et de bâtis auxquels ces panneaux désaffluent.

PATIN. On appelle ainsi toute pièce servant à porter quelque chose : c'est pourquoi on nomme ainsi les plinthes qui portent les stalles, et dans lesquelles elles sont assemblées.

PATTE. Espèce de clou dont l'extrémité est aplatie et élargie en forme d'ovale, et percée d'un ou deux trous pour l'attacher contre l'ou-vrage.

Patte. C'est aussi la partie mobile d'un ser-gent.

PEAU-DE-CHIEN. C'est la dépouille d'un pois-son nommé *chien-marin* : cette peau est parse-mée de petits grains terminés en pointe, ce qui la rend propre à polir le bois. Le côté de la tête est le plus rude de la peau ; la queue et les na-geoires, appelées par les ouvriers *oreilles*, sont les parties les plus douces, et servent à terminer l'ouvrage.

PEIGNE (tenon à). C'est un tenon de rapport qu'on colle dans les traverses soit droites ou cintrées. Ces tenons ont des goujons de leur épaisseur, qui entrent dans l'épaisseur des tra-verses, ce qui leur a fait donner le nom de *te-nons à peigne*.

Pendentif ou *queue-de-paon*. On nomme ainsi la retombée d'une partie de voûte, qui, d'un plan carré ou à pans, vient regagner un plan circulaire, dont la circonférence passe en dedans du premier.

Pénétration. Par ce terme on entend l'action par laquelle un corps entre dans un autre, soit en tout ou en partie, et la connaissance de la courbe qui forme l'approximation ou les points d'attouchement de ces deux corps : la science de la *pénétration des corps* est très nécessaire aux menuisiers.

Pénétration. On entend encore par ce terme l'action, ou, pour mieux dire, le défaut qui résulte de l'approximation de deux corps, dont les membres saillans entrent les uns dans les autres, soit en tout ou en partie.

Pente. Les menuisiers entendent par ce terme l'inclinaison qu'ils donnent aux fers de leurs outils. On dit encore *la pente d'un joint.*

Perçoir. C'est un petit outil à manche, dont le fer, long de 2 à 3 pouces, est aigu et d'une forme aplatie par sa coupe, de sorte qu'elle présente deux arêtes qui coupent les fils du bois lorsqu'on l'enfonce dedans pour y faire un trou.

Persiennes. Ce sont des espèces de jalousies qui n'ont point de bâtis, mais qui sont faites avec des lattes attachées à certaine distance les unes des autres, avec des rubans de fil, et qu'on fait mouvoir par le moyen de plusieurs cordes qui passent au travers.

PETITS-BOIS, ou *croisillons* dans les châssis de fenêtres.

PIÈCE D'APPUI. C'est un châssis de menuiserie, une grosse moulure en saillie, qui pose en recouvrement sur l'appui ou tablette de pierre d'une croisée, pour empêcher que l'eau n'entre dans la feuillure.

PIÈCE CARRÉE. Outil dont se servent les menuisiers pour voir si les bois de leurs assemblages se joignent carrément. Il est simple, et ne consiste qu'en la moitié d'une planche exactement carrée, coupée diagonalement d'un angle à l'autre.

PIÈCE-ONGLET. C'est une de celles qui composent les bâtis d'une feuille de parquet : elle est coupée d'onglet par les deux bouts.

PIED-DE-BICHE. Morceau de bois dur qu'on fixe avec le volet, au bout duquel est faite une entaille triangulaire, dans laquelle on place le bout des planches qu'on veut travailler.

PIÉDESTAL. Partie d'architecture qui est ornée d'une corniche et d'une plinthe. Le piédestal sert à supporter une colonne.

PIEDS DROITS. Ce sont des parties lisses qui soutiennent les impostes d'une ouverture quelconque.

PIERRE A L'HUILE. Il y en a de différentes espèces : les meilleures sont celles qui viennent d'Asie. Elles servent à adoucir les tranchans des outils, après qu'on les a affûtés sur la meule.

PIERRE NOIRE. Pierre fossile qui sert à marquer l'ouvrage. Cette pierre se conserve bien à

l'humidité, mais elle se durcit et s'exfolie, lorsqu'elle est exposée à la chaleur et au grand air.

PIERRE PONCE. C'est une espèce de pierre cal-
cinée, poreuse et légère, dont on fait usage
pour polir les bois et les métaux.

PIERRE ROUGE ou *sanguine*. C'est une espèce
de pierre fossile, de couleur rouge, avec laquelle on établit l'ouvrage.

PIGEON ou *pignon*. Petit morceau de bois
mince qu'on place dans un onglet sur le champ
du cadre, pour que quand le bois vient à se
retirer, on ne voie pas le jour au travers des
joints.

PILASTRE. Partie de menuiserie composée de
bâtis et de panneaux, qui est d'une forme
oblongue, et qui sert de revêtissement aux petites parties d'un appartement, ou à séparer
deux grandes parties de menuiserie, sur lesquelles ils font souvent avant-corps ou saillie,
ce qui est la même chose.

PILASTRE. On nomme ainsi une espèce de colonne, ou, pour mieux dire, de pilier carré
par son plan, et d'un diamètre égal dans toute
sa hauteur, en quoi il diffère des colonnes. Les
pilastres ont des bases et des chapiteaux, ainsi
que ces dernières, mais ne sont jamais isolés,
et ne saillissent le nu des corps sur lesquels ils
sont placés, que d'un sixième de leur diamètre,
ou d'un quart tout au plus.

PLACAGE. On entend encore par ce terme
toute sorte d'ouvrages dont la surface est revêtue
de feuilles de bois très mince qu'on colle dessus.

PLACARDS. On nomme ainsi les portes d'appartemens faites d'assemblage , soit qu'elles soient à un ou à deux vantaux. Quelquefois les placards n'ouvrent point et ne sont placés sur les murs d'un appartement que pour le rendre plus symétrique ; alors on les nomme placards feints.

On nomme aussi *placards*, des espèces d'armoires placées dans un enfoncement, l'épaisseur d'un mur, etc.

PLAFOND. On nomme ainsi toute espèce de menuiserie placée horizontalement , servant à revêtir le haut des embrasemens des portes , des croisées, etc.

PLAFONDS DES PORTES ET CROISÉES: C'est le dessous des linteaux dans l'épaisseur du mur.

PLAFOND (dessus de). C'est un morceau de lambris qui se met pour remplir l'épaisseur qu'il y a depuis le plafond de la chambre ou la corniche en plâtre , jusqu'au bord du plafond des embrasemens des croisées.

PLAN. Par ce terme les menuisiers entendent également ce qui représente la coupe , l'élévation et le plan de leur ouvrage.

PLANCHE. On nomme ainsi toute pièce de bois refendue, depuis un pouce jusqu'à 2 pouces d'épaisseur, sur différentes longueurs et largeurs.

PLANCHES DE BATEAUX. Celles qui proviennent des débris des vieux bateaux qui transportent des provisions.

PLANCHERS. Espèce de menuiserie composée de planche ou d'alaises jointes ensemble , dont on revêtit les planchers ou aires des appartemens.

Planer. Par ce terme on entend l'action de dresser et unir le bois, par le moyen d'une plane et du chevalet.

Plaquer. Par ce terme on entend l'action de coller toutes les pièces de revêtissement d'un ouvrage.

Plateau ou *tourte*. On nomme ainsi un rond de bois plein et évidé, qui sert à porter quelque chose, ou plus particulièrement à entretenir l'écart des tringles qui composent une colonne.

Plate-bande. Espèce de ravalement orné d'un adouci et d'un filet, qu'on pousse au pourtour des panneaux.

Plates-faces. Parties de la montre d'un orgue, qui sont ordinairement sur un plan droit, et qui séparent les tourelles en remplissant l'espace qui est entre ces dernières.

Pleinbois (ouvrage en). Par ce terme on entend tout ouvrage dans la construction duquel il n'y a pas d'assemblage, mais dont toutes les pièces sont collées les unes sur les autres à joints droits, soit horizontaux ou perpendiculaires.

Plinthe. C'est la partie inférieure d'un piédestal, laquelle est saillante et ornée de moulures.

Plinthe. Partie lisse contre laquelle viennent heurter les moulures d'un montant de croisée ou d'un chambranle.

Plinthe. Se dit encore d'une planche mince

et de la largeur convenable qui règne au bas des lambris et au pourtour.

PLINTHE. Se dit aussi d'une pierre carrée, qui est au bas des chambranles des portes et des cheminées, et aussi au bas des portes à placard.

PLINTHES. Sont de petits carrés de bois qui recouvrent l'assemblage des petits-bois des croisées.

PLINTHES-ÉLÉGIES. Sont les mêmes plinthes que celles ci-dessus, avec cette différence qu'elles ne sont point rapportées comme les autres, mais réservées dans la masse, ce qui rend l'ouvrage plus solide.

POINT D'HONGRIE. Sorte de parquet, ou, pour mieux dire, de plancher, composé d'alaises ou de frises de 3 à 4 pouces de largeur, disposées en zig-zag, et qu'on nomme aussi *plancher à la capucine*.

POINT DE DIAMANT. Par ce terme on entend la jonction de quatre joints d'onglet, tels que ceux des croisées à petits montans.

POINTE A TRACER. Outil qui n'est autre chose qu'une broche de fer, dont un des bouts est garni d'un manche, et l'autre est aiguisé pour pouvoir marquer les traits fins sur le bois : c'est pourquoi il est bon que ce bout soit au moins d'acier trempé.

POLIR. Action par laquelle on unit la surface de quelque chose, autant qu'il est possible, et on la rend claire et luisante.

POUSSOIR. C'est un faisceau de jonc, dont on

se sert pour étendre la cire lorsqu'on polit le bois.

Porches. On nomme ainsi des espèces de vestibules de menuiserie, qui se placent à l'entrée des églises.

Porte. Partie de menuiserie servant à fermer l'entrée d'une maison, d'une chambre, d'une armoire.

Les portes cochères sont celles qui ferment l'entrée des hôtels et des palais.

Les portes bâtardes sont celles qui ferment les maisons particulières.

Les portes à placard sont celles qui ferment les appartemens, et les portes vitrées, celles dont la partie supérieure est disposée pour recevoir des verres.

Portes pleines. On nomme ainsi les portes unies, lesquelles sont composées de planches jointes ensemble à rainures et languettes, et avec des clefs.

Portes coupées. Celles qui ne doivent pas être apparentes, et qui sont prises dans des lambris, dont les panneaux se trouvent quelquefois coupés sur la hauteur ou sur sa largeur, et souvent même sur les deux sens à la fois.

Portes-croisées. Ce sont des croisées dont la partie inférieure est remplie par un panneau, et qui sont posées dans une baie qui donne sur une terrasse ou un balcon, ou, pour mieux dire, qui sont ouvertes jusqu'au nu du plancher d'une pièce.

Poteaux ou *pieux*. Pièces de bois diminuées

et brûlées d'un bout, que les treillageurs enfoncent en terre, pour soutenir les treillages, soit d'appui, soit de hauteur.

Pousser. Par ce terme on entend l'action de former sur le bois des moulures, des rainures, des feuillures, etc.; c'est pourquoi on dit pousser un bouvet, un guillaume, une gorge, etc. Ce terme est général pour tous les outils à fer et à fût. Quand les parties sur lesquelles on forme des moulures sont cintrées, et qu'on ne peut se servir des outils à manche nommés *gouges* et autres, c'est ce qu'on appelle pousser les moulures à la main.

Prêle. Espèce de jonc marin, dont la surface est rude et cannelée. On s'en sert pour polir le bois.

Presse d'établi. Elle est composée d'une vis en bois ou en fer, et d'une jumelle ou mors. L'usage des presses d'établi est le même que celui des valets de pied.

Il y a encore des presses d'établi, qui sont composées d'une jumelle et de deux vis taraudées dans le dessus de l'établi.

Presses ou *vis à main*. Ce sont des outils composés de trois morceaux de bois assemblés en retour d'équerre, dans l'un desquels est taraudée une vis de bois, qui, en passant au travers, vient buter l'autre. Cet outil sert à assujettir en place des pièces de placage. On fait de ces sortes de presses tout en fer ou en cuivre, surtout lorsqu'elles sont petites; et alors on les nomme *happes*.

Presse. Outil composé de deux jumelles et de deux longues vis de bois. Elle sert à retenir les joints des pièces qu'on a collées ensemble.

Profil. On appelle de ce nom, l'assemblage de plusieurs moulures dont on orne les diverses espèces de menuiserie.

Par le mot de profil on entend encore la figure que doit représenter le relief de ces mêmes moulures, coupées dans leur largeur et perpendiculairement à leur surface.

Profiler. Par ce terme on entend l'action de tracer des profils sur le papier, ou de les exécuter en bois. Ce terme signifie encore que deux membres de moulure ou de profil se rencontrent parfaitement à l'endroit de leurs joints, ou enfin qu'on entaille un morceau de bois, selon la forme d'un profil, ce qui s'appelle *contre-profiler.*

Quart de rond. Profil et outil de moulure composé d'un quart de cercle ou d'ovale, et de deux filets.

Quartier tournant. On nomme ainsi la révolution que font les marches autour d'un angle quelconque.

Queues. Espèce d'assemblage qui se fait au bout des pièces de bois, pour les réunir en angle les unes avec les autres. On les nomme *queues d'aronde* ou *d'ironde*, à cause de la forme évasée de l'espèce de tenon ainsi nommé.

Queue (pièce à). On nomme ainsi toute partie assemblée à queue, ou rapportée à queue dans le corps de l'ouvrage.

Queues recouvertes ou *perdues ;* on nomme

ainsi celles qui ne sont pas apparentes à l'extérieur du bois.

Queue de morne. On nomme ainsi une planche dont la largeur est inégale d'un bout à l'autre : on doit éviter de mettre des planches en queue de morne, dans les panneaux et autres ouvrages apparens, parce que l'obliquité de leurs joints est désagréable à l'œil, et que, de plus, les joints ainsi disposés font plus d'effet en se retirant, que ceux qui sont parallèles.

Quilboquet. C'est un instrument dont les menuisiers se servent pour fonder le fond des mortaises et voir si elles sont taillées carrément ; il est fait de deux petits monceaux de bois, dont l'un traverse l'autre à angles égaux.

Rabot. On donne en général ce nom à un outil avec lequel les menuisiers et les charpentiers dressent les bois ; mais les menuisiers appellent *rabot* un petit outil fait d'un morceau de bois de 7 à 8 pouces de long sur 2 pouces de large et 3 de haut. Au milieu est une ouverture qu'on nomme *lumière*, où se met le fer qui est en pente, et forme un angle de quarante-cinq degrés qui serre ledit fer.

Le bois de *rabot* se nomme le *fût*, ainsi que tous les outils de la même espèce qui sont pour l'usage de la menuiserie.

L'on se sert du *rabot* pour planer l'ouvrage, lorsque les bois ont été dressés à la varlope, et assemblés ensemble.

Le *rabot cintré* sert à planer dans les parties courbes des cintres où le *rabot* plat ne peut aller.

Le *rabot debout* est celui dont le fer n'a aucune inclinaison, et sert pour le bois de racine et des Indes, et autres bois durs.

Le *rabot denté* est celui dont le fer est cannelé et aussi debout; il a le même usage que le *rabot debout*.

Le *rabot cintré et rond* est d'usage aux voussures ou culs-de-lampes des niches.

Le *rabot rond* diffère des précédens en ce que son fer est posé dans une entaille faite de côté à moitié de l'épaisseur du fût, et serre avec un coin qui a un épaulement par le haut, qui sert à le faire sortir plus facilement de son entaille, comme les autres outils à moulure.

Le *rabot rond à joue* est celui à qui on a laissé une joue pour soutenir la main lorsqu'on s'en sert pour quelque gorge aux bords d'une pièce d'ouvrage.

RABOT A DENTS. On nomme ainsi les rabots dans lesquels on met des fers bretés.

Rabot de fer. C'est un rabot dont le fût est tout de fer. On s'en sert pour les métaux et les bois de bout, ou extrèmement durs.

Rabot à mettre d'épaisseur. Il diffère des rabots ordinaires, par l'addition de deux joues mobiles, qui y sont rapportées aux deux côtés, et qui y sont arrêtées avec des vis. Ce rabot sert à mettre d'épaisseur égale des tringles, quelque minces qu'elles soient.

RACCORD. Par ce terme on entend la manière de faire rejoindre ensemble les moulures d'une pièce horizontale avec celles d'une pièce rampante. Il y a des raccords à angles et des raccords droits.

Racineaux. On nomme ainsi des petits pieux de bois, qu'on enfonce dans la terre pour soutenir les bandes de parterre et autres ouvrages de cette nature.

Racler. Par ce terme on entend l'action d'unir et d'achever d'ôter les inégalités d'un morceau de bois, et cela par le moyen du racloir.

Racloir. Cet outil est une lame de fer à laquelle on donne le morfil, et qui est emmanchée dans un morceau de bois pour la tenir commodément.

Il y a des racloirs auxquels on ne donne point de morfil, et dont les arêtes sont même peu arrondies. Ces sortes de racloirs servent à enlever le superflu de la cire étendue sur le bois.

Rainure. Cavité faite sur l'épaisseur d'une pièce de bois parallèlement à sa longueur dans laquelle les languettes viennent s'assembler, pour pouvoir joindre deux pièces de bois ensemble.

Rais de coeur. Espèce d'ornement, particulièrement aux moulures nommées *talons*.

Ralongement des bois. On entend par ce terme l'augmentation de longueur d'une pièce quelconque, lorsqu'on y ajoute une ou plusieurs pièces au bout des autres, ce qui se fait par le moyen des entailles, des fourchemens, et, ce qui est le mieux, des joints en flûte, et des assemblages à trait de Jupiter.

Rampante. On donne ce nom à toute pièce posée sur une situation inclinée. Ainsi on dit qu'une rampe est droite, ou qu'une pièce est simplement rampante, lorsqu'elle est droite sur sa longueur, ou simplement inclinée ; si, au contraire, cette pièce est sur un plan cintré, on la nomme courbe rampante.

RAMPE. On nomme ainsi l'appui d'un escalier, sur lequel suit l'inclinaison de ses limons.

RAPE A BOIS. Espèce de lime dentelée, dont les dents sont plus ou moins grosses selon les différens ouvrages où on les emploie.

RAPPEL (boîte de). On nomme ainsi une espèce de boîte longue, dans laquelle est placée une vis qui la fait avancer ou reculer ; cette boîte sert aux établis des menuisiers, nommés *établis à l'allemande*.

RAQUETTE. Espèce de scie, dont les scieurs de long font usage pour refendre les pièces cintrées.

RAVALEMENT. On entend par ce mot la diminution d'une pièce de bois en certains endroits, pour en faire saillir quelque partie, soit qu'on veuille y former des moulures saillantes, ou y réserver des masses pour de la sculpture

RAVALER LE BOIS. C'est, en terme de menuisiers, le diminuer d'épaisseur en certains endroits, afin de donner du relief aux moulures.

REBOURS (bois de). On nomme ainsi celui dont les fils ne sont pas parallèles à sa surface, et à contre-sens les uns des autres, de sorte qu'on ne peut le travailler que difficilement. Par ce terme on entend aussi travailler le bois en contre-sens de son fil.

RECALER. Par ce terme on entend l'action de dresser et finir un joint quelconque, ce qui se fait au ciseau, au guillaume, au rabot ou à la varlope-onglet, selon que le cas l'exige.

RECALOIR. C'est un morceau de bois ravalé dans une partie de sa longueur, et dont l'extrémité du ravalement est terminée en demi-cercle. Les deux côtés du ravalement sont fouillés en dessous, pour faire place aux languettes du couvercle du racloir, qui est aussi creusé en demi-cercle par son extrémité, pour pouvoir saisir les ronds qu'on met dans le racloir pour les racler, c'est à dire les mettre d'une épaisseur égale.

RECOUVREMENT. On nomme ainsi toute saillie que forme la joue d'une pièce embrévée dans une autre ; c'est pourquoi les panneaux qui sont en saillie sur leur bâtis se nomment *panneaux à recouvrement*.

REFUITE (donner de la). On entend par ce terme la facilité qu'on donne aux planches des ouvrages emboîtés de se retirer sur elles-mêmes ; ce qu'on fait en élargissant les trous des chevilles dans les tenons, et en dehors de chaque côté, c'est à dire du côté des rives de l'ouvrage.

REFEND. Morceau de bois, ou tringle ôtée d'une planche ou d'un ais trop large.

RÈGLE. Tringle de bois mince et droite, dont on se sert pour prendre des mesures. Il y a des règles de différentes longueurs, depuis 4 jusqu'à 12 et même 15 pieds; celles qui ont 6 pieds de longueur, et qui sont divisées en six parties égales, se nomment *toises*.

RÈGLE A PANNEAUX. On nomme ainsi une petite règle mince, à laquelle on a fait une entaille d'un pouce de profondeur à une de ses extrémités. Cette règle sert à prendre la mesure des panneaux, dont la longueur des baguettes, soit à bois de bout ou à bois de fil, se trouve indiquée par la saillie de l'entaille faite au bout de la règle.

RÉGLET. Outil de bois servant à dégauchir les planches et autres pièces d'une certaine largeur. Il faut deux règles pour faire cette opération.

RÉGLET DES MENUISIERS. Il est une règle de bois de 15 lignes de large sur 4 d'épaisseur, environ 18 pouces ou 2 pieds au plus de long, et bien de calibre sur tous les côtés, montée sur deux coulisses qui élèvent une règle environ d'un pouce, de sorte qu'elle soit bien parallèle au plan sur lequel on pose les coulisses ou pied; son usage est pour voir si les bords ne sont point gauches; il en faut de la même façon pareillement justes, de sorte que, lorsqu'on veut s'en servir, on pose un de ces *réglets* à l'extrémité de la pièce qu'on veut vérifier, les coulisses posant l'une sur une des rives, et l'autre sur l'autre rive.

Ensuite, à l'autre bout, on pose de même un autre *réglet* de la même manière; puis l'on regarde par un des bouts pour voir si ces *réglets* s'alignent bien, et si un bout ne lève point plus que l'autre ; s'ils ne se bornaillent point l'un et l'autre, de sorte que les deux réglets n'en fassent qu'un, c'est une marque que la pièce est gauche.

REJETEAU. C'est une moulure que l'on pratique au bas du bois des fenêtres, et qui avance sur le châssis de 2 ou 3 pouces, pour empêcher, lorsqu'il pleut, que l'eau n'entre dans les appartemens ; l'eau coule le long des fenêtres, et tombe sur le *rejeteau* qui la rejette loin, d'où lui vient son nom.

RELEVER LES MOULURES. Par ce terme on entend l'action d'achever les moulures et d'y faire les dégagemens nécessaires, soit avec les becs-d'âne, les tarabiscots, les mouchettes à joue, etc.

RENARD. Nom que l'on donne au petit châssis qui est assemblé en retour d'équerre dans le sommier d'en bas de la scie du scieur de long.

RÉTABLE. On nomme ainsi le coffre d'un autel ; cependant les menuisiers donnent aussi ce nom aux parties de menuiserie qui accompagnent les autels.

RETOMBÉE. Par ce terme on entend la saillie d'un cintre, ou, pour mieux dire, la distance qu'il y a depuis sa grande profondeur jusqu'à l'endroit où il rencontre les battans ou autres parties droites.

REVERS D'EAU. On entend par ce terme une petite élévation qu'on observe au dessus d'une corniche ou toute autre partie saillante, pour faciliter l'écoulement des eaux qui tombent dessus.

RIFLARD. C'est une espèce de rabot à deux poignées, dont se servent les menuisiers et les autres ouvriers en bois. Il sert à dégrossir la besogne, surtout quand le bois est gauche ou noueux ; le fer du *riflard*, pour qu'il enlève de plus gros copeaux, et qu'il morde davantage, est un peu arrondi.

ROND. On nomme ainsi une frise circulaire, qu'on assemble souvent dans les feuilles de guichet, dans les plafonds et autres ouvrages de cette nature.

Rond entre deux carrés. Espèce de moulure ronde, en forme de quart de cercle ou d'ovale, avec deux filets ou carrés. On appelle aussi de ce nom, l'outil à fût propre à former cette moulure.

ROULONS. On appelle ainsi les petits barreaux ou échelons d'un râtelier d'écurie, quand ils sont faits au tour, en manière de balustres ralongés, comme il y en a dans les belles écuries. On nomme encore *roulons*, les petits balustres des bancs d'église.

ROULURE. On appelle ainsi le défaut de liaison qui se rencontre entre les couches concentriques du bois.

SABOTS. Sorte d'outils de moulures, composés comme les autres, d'un fer et d'un fût, dont ils ne diffèrent que parce qu'ils sont plus petits.

et presque toujours cintrés, soit sur un sens, soit sur un autre, et quelquefois même sur tous les deux. Les sabots sont très utiles pour pousser des moulures dans des parties cintrées.

Sauterelle ou *fausse équerre*. Outil de menuiserie, composé d'une tige et d'une lame arrêtées ensemble par le moyen d'une vis, de manière que la lame soit mobile et puisse s'ouvrir ou se fermer à volonté.

Scie des menuisiers. De tous les divers ouvriers qui se servent de la *scie*, ce sont les menuisiers qui en ont la plus grande quantité, et de plus, de différentes espèces. Les principales sont la *scie* à refendre, qui leur est commune avec tous les autres ouvriers en bois; la *scie* à débiter, la *scie* à tenons, la *scie* à tourner, la *scie* à araser, la *scie* à main, et la *scie* à cheville.

Scie à refendre. Elle sert au menuisier à fendre les bois de long; elle est composée de deux montans et deux traverses, dans les bouts desquels les montans sont assemblés à tenons et mortaises; à la traverse du haut est une boîte, et à celle du bas un étrier de fer, auquel la *scie* est attachée; elle est posée au milieu de deux traverses et est parallèle aux deux montans; à la boîte il y a une mortaise dans laquelle on met une clef pour faire tendre la feuille de scie.

Aujourd'hui on se sert, pour refendre, d'une scie dite *allemande* qui ressemble en tout à une scie à chantourner, sinon que sa lame est plus large.

Scie à tenons. Elle est comme la *scie* à débiter, et n'en diffère qu'en ce qu'elle est plus petite et a les dents plus serrées; elle sert pour couper les tenons.

Scie, pour les fosses ou creux, pour les corps des arbres lorsqu'ils sont trop gros, et que les *scies* montées n'y peuvent passer, pour les pieux à rez-terre, etc. C'est une grande feuille de *scie* avec une main à chaque bout. On nomme cette scie *passe-partout*; elle est beaucoup d'usage parmi les bûcherons.

Scie en archet, est comme celle à chantourner, si ce n'est qu'elle est plus petite, qu'elle a une main pour la tenir qui porte son tourillon; elle sert aussi à chantourner de petits ouvrages.

Scie à chantourner. La feuille en est fort étroite, et elle est montée sur deux tourillons qui passent dans les bras. Son usage est pour couper les bois suivant les cintres.

Scie à chevilles, est un couteau à *scie*, qui a un manche coudé; elle sert à couper les chevilles.

Scie à débiter, c'est celle qui sert aux menuisiers à couper tous leurs bois suivant les mesures, et c'est ce qu'ils appellent *débiter les bois*. La monture consiste en deux bras ou montans, une traverse au milieu. Au bout des bras d'un côté est la feuille de *scie* parallèle à la traverse; à l'autre extrémité des bras, est une corde qui va d'un bout à l'autre et qui est en plusieurs doubles; au milieu est un garrot qui sert à

faire tendre la *scie*, et qui l'arrête sur la traverse.

Scie à main ou *à couteau*, est plus large du
côté de la main, n'a point de monture que la
main avec laquelle on la tient pour s'en servir ; l'on s'en sert lorsque la scie montée ne peut
passer.

Scie à araser. Espèce de boulet, dont la languette est un morceau de scie attaché au fût,
qu'on fait porter contre une tringle de bois droite,
pour scier des arasemens d'une grande largeur,
tels que ceux des portes emboîtées et autres.

Scie à découper. Espèce de petit ciseau ou fer
dentelé qui se place dans un trusquin ou compas à verge.

Scotie. Espèce de moulure creuse, composée
de deux ou trois arcs de cercles.

Sergent ou mieux *serre-joint*. Presse de fer
ou de bois qu'on serre à coups de marteau ou à
l'aide d'une vis, et qui sert à tenir les assemblages pendant qu'on les cheville, etc.

Sofite ou *soffite*. Nom général qu'on donne
à tout plafond ou lambris de menuiserie, qu'on
nomme à *l'antique*, fermé par des poutres croisées ou des corniches volantes, dont les compartimens, par renfoncemens carrés, sont ornés
de roses, enrichis de sculpture, de peinture et
de dorure, comme on en voit aux basiliques et
aux palais d'Italie. Dans l'ordre dorique, on
orne les sofites avec des gouttes au nombre de
dix-huit, faites en formes de clochettes dis-

posées en trois rangs, et mises au droit des gouttes qui sont au droit des triglytes.

On appelle aussi *sofite*, le dessous du plancher. Ce mot vient de l'italien *sofito*, qui signifie soupente, galetas, *plancher de grenier*.

Sofite de corniche, rond. C'est un *sofite* contourné en rond d'arc, dont les naissances sont posées sur l'architrave, comme au temple de Mars, à la place des Prètres, à Rome.

SOLIDE (corps). Sous ce nom on entend tout ce qui a de la solidité, ou, ce qui est la même chose, de l'étendue en longueur, largeur et profondeur. Les solides prennent différens noms selon leurs formes; on les nomme *cubes parallélipipèdes, prismes, cylindres, pyramides, cônes, sphères*.

SOMMIERS. Pièces de bois, dans lesquelles sont assemblées les consoles des stalles à l'endroit du siége.

Sommier de jalousie-persienne. C'est une planche de 6 pouces de largeur, sur 15 lignes d'épaisseur, et d'une largeur égale à la largeur du tableau de la croisée, au haut duquel elle est arrêtée.

SOUBASSEMENT. Espèce de grand piédestal, quelquefois percé de portes et de croisées, lequel sert à élever l'ordre d'un édifice au dessus du rez-de-chaussée.

SOUPENTE. On nomme ainsi un plancher construit dans la hauteur d'une pièce, pour en faire deux; c'est aussi le nom de celle de dessus.

STÉRÉOTOMIE. Ou la science de la coupe des solides, art nécessaire aux menuisiers.

STORES. Espèce de rideaux avec lesquels on ferme les ouvertures des fenêtres.

SURBAISSÉ. Cintre demi-ovale, pris sur son grand axe. Les menuisiers appellent aussi ce cintre *anse de panier*.

SURFACE *plan* ou *superficie*. On nomme ainsi une étendue en longueur et en largeur, sans aucune profondeur.

Table d'attente ou *saillante*. Petit panneau saillant, placé au haut du vantail d'une porte cochère, immédiatement au dessous de l'imposte.

Table saillante. C'est un corps d'architecture orné de moulures, qu'on fait saillir sur une partie lisse, pour qu'elle paraisse moins nue.

TABLEAU. On appelle de ce nom l'intérieur de la baie d'une croisée ou d'une porte; et c'est toujours du tableau qu'on doit préférablement prendre les mesures de ces sortes d'ouvrages.

TABLETTE. On nomme ainsi toute espèce de menuiserie pleine horizontalement, soit dans les armoires ou ailleurs.

Tablette à claire-voie. On nomme ainsi des tablettes d'assemblage, à peu près semblable à des feuilles de parquet sans panneaux, lesquelles tablettes sont très propres à l'usage des armoires et des étuves.

Tablette en architecture. On nomme ainsi la corniche qui couronne une balustrade, ou, pour mieux dire, les balustres.

TAILLOIR. Partie supérieure d'un chapiteau.

TALON. On appelle de ce nom le derrière d'une moulure, lequel est arrondi et dégagé ; c'est pourquoi on dit talon d'un boudin, d'une doucine, etc.

Talon renversé. Moulure dont la forme est inverse de celle des bouvemens. Cette moulure est quelquefois accompagnée d'un carré ou d'une baguette dans sa partie inférieure, et toujours d'un filet par le haut ; ce qui fait que, dans tous les cas, l'outil qui forme cette moulure a deux fers, l'un qui forme le carré ou filet supérieur, et l'autre qui forme le talon avec sa baguette et son filet.

TAMPONS. Morceaux de bois qu'on place dans les murs pour recevoir les broches ou les vis avec lesquelles on arrête la menuiserie.

TAQUETS. Petits morceaux de bois échancrés à angles droits, lesquels servent à porter le bout des tasseaux, lorsqu'on ne peut ou ne veut pas attacher ces derniers à demeure.

On appelle encore de ce nom un petit morceau de bois percé au milieu de sa largeur, pour laisser passer un clou, avec lequel on arrête des masses de bois, sur l'ouvrage, pour que le sculpteur y taille des ornemens.

TARABISCOT ou *grain d'orge.* Petit dégagement ou cavité qui sépare une moulure d'avec une autre, ou d'avec une partie lisse. L'outil qui forme cette moulure se nomme du même nom, et est composé d'un fer ou d'un fût.

TENON. Partie excédante à l'extrémité d'une

traverse; elle est diminuée d'épaisseur des deux côtés, de sorte que le tenon se trouve réduit à une épaisseur égale à celle de la mortaise dans laquelle il doit entrer et ne faire plus qu'un, ce qu'on appelle faire un assemblage à tenon et à mortaise.

Tête-de-mort. Les menuisiers nomment ainsi une cavité qui se trouve à la surface d'un ouvrage, et qui a été occasionée par la rupture d'une cheville qui se trouve rompue plus bas que le nu de l'ouvrage; ce qui arrive presque toujours quand, au lieu de scier les chevilles, on les renverse d'un coup de marteau après les avoir suffisamment enfoncées, ce qu'il faut absolument éviter.

Tiers-point. Espèce de lime triangulaire par sa coupe, propre à affûter les scies.

Tire-fond. On appelle ainsi une espèce de pilon, dont l'anneau a depuis un pouce jusqu'à 2 de diamètre intérieurement, et dont la tige est taraudée d'un pas de vis en bois à deux filets. Cet outil sert à poser l'ouvrage.

Toise. On nomme ainsi une pièce de bois qui a 6 pieds de longueur, et qui est divisée en six parties égales, ce que les ouvriers appellent *toise piétée* : une des six divisions, et à une des extrémités de la règle, doit être divisée en 12 pouces.

Tourne-a-gauche. Outil à manche, dont l'extrémité du fer est aplatie et est entaillée à divers endroits; quelquefois ce n'est qu'un morceau de fer plat entaillé par les deux bouts.

Tourne-vis. Les ouvriers disent aussi *tourne-à-gauche*; c'est un petit outil d'acier trempé, mince et aplati d'un bout, pour pouvoir entrer dans la fente de la tête des vis et les faire tourner. Le tourne-vis est monté dans un manche de bois, qu'on fait large et plat, afin qu'il ne tourne pas dans la main, et qu'on ait, par conséquent, plus de force.

Tourniquet. C'est un petit morceau de bois de 3 à 4 lignes d'épaisseur, et de 2 à 3 pouces de longueur. Il est taillé par ses extrémités, en forme de pied-de-biche. Les tourniquets s'attachent sur le dormant des croisées à coulisse, et servent à en soutenir les châssis lorsqu'ils sont levés.

Tracer. Les menuisiers entendent par ce terme l'action de déterminer et de marquer sur les différentes pièces de bois la place et la grandeur des assemblages, les différentes coupes qu'il faut y faire, etc.

Traînée. Les menuisiers nomment ainsi un trait de compas fait sur le bois, en appuyant l'autre branche du compas contre le mur ou toute autre partie faisant un angle avec le bois où on fait la traînée.

Tranché (bois). On nomme ainsi celui dont les fils ne sont pas parallèles à sa surface, ce qui lui ôte une partie de sa force et l'expose à se rompre aisément.

Travée. C'est une partie de balustrade comprise entre deux dés ou socles, où sont placés les balustres.

TRAVERSES. Les menuisiers appellent ainsi toutes pièces de bois dont la situation doit être horizontale, lesquelles prennent différens noms, selon la nature de l'ouvrage ; c'est pourquoi on dit *traverses du haut, du bas, du milieu, de croisée, de porte, de lambris, etc.*

TRAVERSER. Par ce terme on entend l'action de corroyer le bois en travers de sa largeur, soit avec la varlope ou le rabot. On nomme traverse les bois durs et de rebours.

TREFLE. Profil usité aux croisées, lequel est composé de deux baguettes, entre lesquelles est placé un demi-cercle ou demi-ovale.

Trèfle. Espèce d'ornement propre aux talons.

TROMPE. Partie saillante en angle, dont le dessous est échancré en creux.

TRUMEAU. On nomme ainsi toute partie de menuiserie servant à revêtir l'espace qui se trouve entre deux croisées, soit que cette menuiserie soit disposée pour recevoir une glace, comme les cheminées, ou simplement des panneaux, comme la menuiserie ordinaire.

Trumeau. On donne encore ce nom à tous les parquets de glace ; cependant il n'appartient qu'à ceux qui sont placés entre deux croisées, vu que cette partie de menuiserie se nomme ainsi.

TRUSQUIN D'ASSEMBLAGE. Outil dont les menuisiers se servent pour marquer l'épaisseur des tenons et la largeur des mortaises qu'ils veulent faire pour assembler leurs bois, afin que les unes répondent aux autres.

Cet outil est de bois composé de deux pièces; l'une est une espèce de règle d'un pouce d'équarrissage, et de 10 ou 12 de longueur, qu'on appelle *la tige;* l'autre est une très petite planche ou morceau de bois plat, peu épais, d'environ 4 pouces en carré, à travers lequel passe la règle, en sorte néanmoins qu'on puisse l'avancer ou le reculer à volonté; c'est sur la tige qu'est la pointe à tracer.

On appelle *trusquin à longue pointe,* un trusquin qui n'a qu'une pointe, mais très longue; il sert à corroyer du bois, et à pouvoir atteindre dans les fentes ou flaches que le bois peut avoir.

Tympan de menuiserie. Panneau dans l'assemblage du dormant d'une baie de porte ou de croisée, qui est quelquefois évidé et garni d'un treillis de fer, pour donner du jour. Cela se pratique aussi dans les *tympans* de pierre.

Valet. Outil de fer servant à retenir le bois sur l'établi d'une manière fixe et inébranlable. Il y a deux sortes de valets; savoir, les valets d'établi, et d'autres, plus petits, qu'on nomme *valets de pied,* dont l'usage est de retenir les pièces de bois le long de l'établi, ou, pour mieux dire, sur le côté de ce dernier.

Vanteau, *vantail* ou *battant.* Ce qui signifie la partie d'une porte quelconque; ainsi on appelle *porte à un vanteau,* celle qui n'est composée que d'une seule partie sur la largeur; *porte à deux vanteaux*, celle qui est composée de deux parties.

VARLOPE. Outil qui sert aux menuisiers et aux charpentiers, pour corroyer les bois, c'est à dire les dresser. Elle est composée de trois pièces, savoir, le fût et le coin, qui sont de bois, et d'un fer tranchant.

Le fût est un morceau de bois de 26 pouces de long sur 2 pouces et demi de large et 3 de haut.

Sur le bout de devant est une poignée; au milieu est la lumière où est le fer tranchant et le coin; et à l'extrémité sur le derrière est une poignée ouverte dans laquelle passe la main.

Varlope à deux fers. Elle ne diffère de la précédente qu'en ce qu'elle est armée de deux fers dont un enlève le copeau et l'autre en règle l'épaisseur.

Demi-varlope. Outil de menuisier dont les charpentiers se servent aussi pour dégrossir leur bois.

Elle est semblable à la *varlope,* à l'exception qu'elle est plus courte et plus étroite, et que le tranchant du fer ne s'affûte pas si carrément que celui de la *varlope.*

Varlope à onglet, est une espèce de rabot; elle est seulement une fois plus longue, mais le fer toujours au milieu comme au rabot.

VEAU. On nomme ainsi la levée qu'on fait dans une pièce de bois pour la cintrer, soit sur le plat ou sur le champ.

VIE (tout en) ou *tout à vif.* Par ce terme les

menuisiers entendent une pièce de bois qui entre dans une autre, sans qu'on ait rien diminué de sa grosseur. La même chose s'entend de l'ouvrage, comme, par exemple, une porte qui, dit-on, entre tout en vie dans ses bâtis, c'est à dire à laquelle on n'a point fait de feuillure au pourtour, et dont le devant affleure avec le bâtis.

VILBREQUIN ou *Virebrequis*. Outil propre à faire des trous, lequel est composé d'un fût de bois et d'une mèche de fer montée dans une boîte de bois.

VIS A BOIS. Ce sont de petits cylindres de fer, dont une des extrémités est diminuée et cannelée en spirale. Les cannelures doivent être un peu larges et leur arête très aiguë, pour mieux prendre dans le bois. A l'autre extrémité est une tête ronde, fendue par le milieu, pour pouvoir les tourner avec le tourne-vis. Le dessus des têtes des vis est arrondi : quelquefois on les fait plates, et alors elles prennent le nom de *vis à tête fraisée*. Les menuisiers font un très grand usage de l'une et de l'autre espèce de vis, pour la construction et la pose de leurs ouvrages.

Vis d'armoires et de lits. Ces vis sont longues de tige : elles sont tarandées dans un petit écrou de fer d'une forme plate et à peu près carrée. Leur tête est quelquefois carrée et saillante. On en fait à tête ronde, et d'autres à tête percée en forme de piton.

Vis à parquet de glace. Ce sont des vis en fer.

La tête de ces vis est large et plate ; leur tige est courte et taraudée dans un écrou de fer, dont les extrémités sont recourbées, pour les arrêter dans le plâtre où on les scelle.

Voie (donner de la). Par ce terme on entend l'action de déverser de côté et d'autre les dents d'une scie, pour qu'elles prennent plus de bois, et, par ce moyen, facilitent le passage de la lame.

Volets. Fermeture de bois sur les châssis par dedans les fenêtres. Ce sont comme de petites portes aux fenêtres, de même longueur, de même largeur et de même hauteur que le vitrage.

Il y a des volets brisés et des volets séparément ; ceux-là se plient sur l'écoinson, ou se doublent sur l'embrasure, et ceux-ci ont des moulures devant et derrière.

Voliges ou *voliches*. On nomme ainsi des planches de bois blanc, ordinairement de peuplier, qui n'ont que 5 à 6 lignes d'épaisseur. Le bois mince, soit de chêne ou de sapin, se nomme feuillet.

Voliges à pavillons. Petites planches très minces, avec lesquelles on couvre le dessus des pavillons.

Voussure (arrière). Partie supérieure d'une baie de porte ou de croisée, dont le cintre de face est différent de celui du fond. Les voussures prennent différens noms selon leurs formes.

Voute d'arête. On nomme ainsi une voûte qui est rencontrée par une autre voûte, dont le

cintre est de même hauteur que la première ;
soit que ces voûtes se croisent à angle droit ou
non , ou qu'elles soient d'un diamètre égal.

VRILLE. Petit outil de fer, garni d'un manche
qui y est adapté perpendiculairement à la longueur du fer, de manière que ce dernier entre
dans le milieu du manche ; l'autre bout du fer
est terminé par une mèche en forme de vis ,
afin de s'introduire plus aisément dans le bois ;
l'usage de cet outil étant de faire des trous ,
quand on ne peut pas se servir de vilbrequin.

VRILLON. On nomme ainsi une espèce de petite tarière , dont l'extrémité du fer est déterminée comme une vrille.

FIN.

TABLE DES MATIÈRES.

—

CHAPITRE V.

CHAPITRE VI.

CHAPITRE VII.

CHAPITRE VIII.

FIN DE LA TABLE DES MATIÈRES.

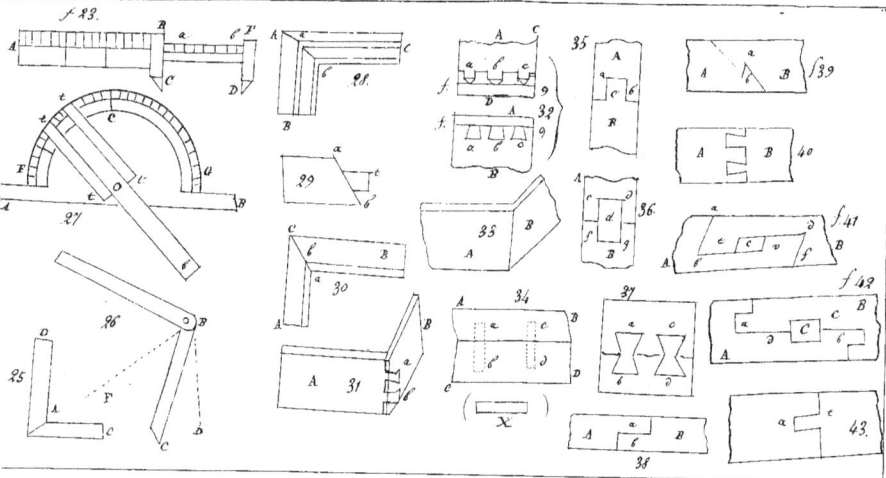

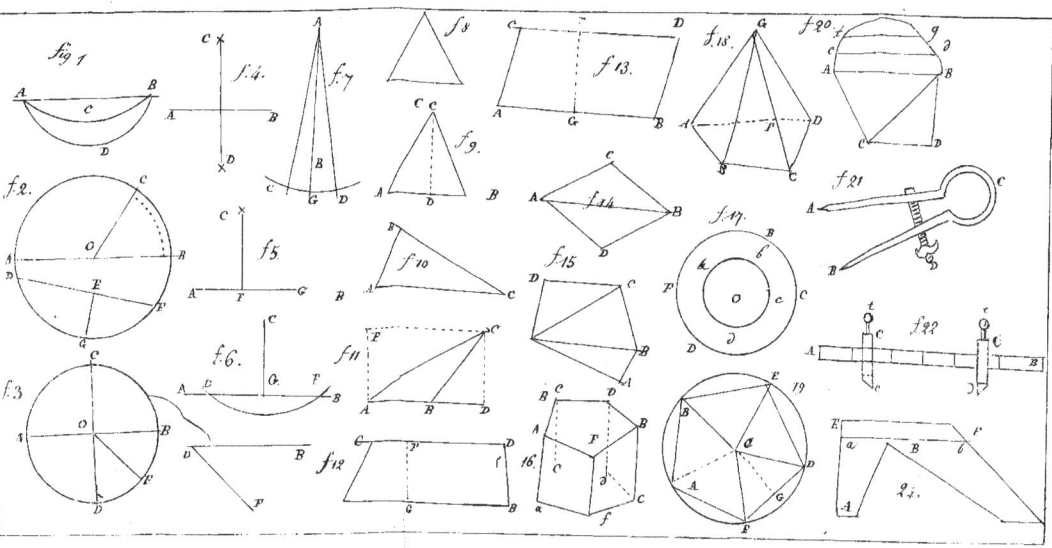

fig. 1   f. 4.   f. 7.   f. 8.   f. 13.   f. 18.   f. 20.

f. 2.   f. 5.   f. 9.   f. 14.   f. 17.   f. 21.

f. 3.   f. 6.   f. 10.   f. 11.   f. 15.   f. 16.   f. 19.   f. 22.

f. 12.   f. 24.

COLLECTION DE NOUVEAUX MANUELS

CONTENANT

Les élémens, les principes, les démonstrations et les exemples des sciences, des arts et métiers,

OUVRAGES COMPOSÉS, REVUS ET MIS A LA HAUTEUR DES DÉCOUVERTES ET DES INVENTIONS NOUVELLES,

Par une réunion de Professeurs, de Savans, de Fabricans, d'Agriculteurs, d'Artistes et de Manufacturiers,

Et publiés sous les auspices de

MM. les Ministres de l'Intérieur et des Travaux publics,

Avec Plans, Cartes, Gravures et fac-similés.

———

EN VENTE ET SOUS PRESSE.

Nouveau Manuel du Chasseur, par Thierry.
— — du Pêcheur, par Toussaint.
— — d'Arithmétique, par Fontanille et Teyssèdre.
— — du Peintre en bâtimens, par Teyssèdre.
— — d'Économie domestique, par Berthaud
— — de Physique et de Chimie amusantes, par Pelletier.
— — du Menuisier, par Teyssèdre.
— — de Botanique, par Douy.
— — de Cuisine, par Chevrier.
— — du Propriétaire et Locataire, par Pitou.
— — des Poids et Mesures, par Teyssèdre.
— — des Jardiniers, par Douy.
— — du Style épistolaire, par Descottez.
— — du Bon ton, par H. Raisson.
— — de Géographie, par Hemann.
— — d'Arpentage, par Teyssèdre.
— — de Médecine et de Chirurgie domestiques.
— — du Charpentier.

La collection des Nouveaux Manuels se composera de 60 vol. in-18, dont il paraîtra 4 vol. chaque mois, de 3 à 400 pages, caractères neufs de petit romain ou petit texte, avec Plans, Gravures et facsimilés. Prix, 2 fr. 50 c.